草业
良种良法配套手册
2022
耐盐篇

农业农村部畜牧兽医局
全国畜牧总站 ◎ 编

中国农业出版社
北京

编委会

前 言
FOREWORD

党中央、国务院高度重视盐碱地综合利用，习近平总书记在山东东营、河北沧州、内蒙古巴彦淖尔等地多次考察指导，对加强盐碱地综合利用作出重要指示，明确指出"我国盐碱地多，部分地区耕地盐碱化趋势加剧，开展盐碱地综合改造利用意义重大。对现有大面积盐碱耕地进行改造提升，可以有效挖掘单产潜力。在一些盐碱地发展饲草和现代畜牧业，可以拓展多元食物渠道，不一定都种粮食。适度开发盐碱地等耕地后备资源，可以补充耕地面积。"

牛羊肉和奶类是我国居民膳食结构中的短板，草食畜牧业具备长期稳定增长潜力，但由于优质饲草供给不足，生产成本高，与进口产品相比竞争力弱，发展受到严重制约。我国耐盐饲草种质资源丰富，发展盐碱地种草，当期可以增加优质饲草供给，支撑牛羊养殖节粮，长期可以改造增加后备耕地、提升现有耕地质量，有利于更好保障粮食和重要农产品稳定安全供给。

为帮助各地因地制宜高质量推进盐碱地种草，我们组织开展了耐盐碱饲草品种征集工作，遴选出一批耐盐碱、市场认可的饲草品种，编写《草业良种良法配套手册2022（耐盐篇）》，推介耐盐碱饲草品种和种植实用技术。本书收录了26个耐盐碱性能较好的饲草品种，涉及豆科、禾本科、满江红科等3个科，苜蓿、草木樨、小黑麦、黑麦草、高粱、羊草、雀麦、碱茅、大麦、雀稗、狗牙根、满江红等12个属。以品种选育单位提供素材为主要依据，按照品种特点、适宜区域、种植技术、生产利用和推广利用等内容进行编写，配有照片或插图，以便读者查阅。

本书得到国家草品种区域试验站多位专家的支持，在编写过程中他们提供了完善建议。由于水平有限，错误在所难免，敬请读者批评指正。

编者

2024年10月

目 录
CONTENTS

其 他 科

豆

科

甘农9号紫花苜蓿 ////////////////////////////////

　　甘农9号紫花苜蓿（*Medicago sativa* L.‘Gannong No. 9’）是甘肃农业大学草业学院以引进的澳大利亚抗蚜苜蓿材料HA-3为原始材料，经连续多代抗蓟马性评价、扦插无性扩繁、筛选育成的抗蓟马苜蓿品种。该品种具有较强的抗蓟马能力及耐盐性，可耐受中度盐胁迫。2017年，全国草品种审定委员会审定通过，登记号517。

一、主要特性

　　豆科苜蓿属多年生草本植物。直根系具侧根，根系发达，株型直立，分枝多，株高90～121cm。茎上着生有稀疏的绒毛，绝大多数为紫红色，具有非常明显的四条侧棱；羽状三出复叶，椭圆形，基部较宽，叶片较大，叶色深绿；总状花序，自叶腋处出，每个花序有花22～41朵，花冠紫色；荚果螺旋形，多数为2～3回，最多可达6回，表面光滑，有脉纹；每荚有种子2～15粒，平均7.7粒，种子肾形，千粒重3.12g。

　　春季返青早，在甘肃兰州较秋眠级3级苜蓿品种早15d左右。5月中旬现蕾，6月上旬进入花期，7月下旬荚果成熟，生育期123～140d，较早熟。作为饲草用，播种第一年可收获3茬，第二年后每年可刈割4茬，在较好的水肥管理条件下，亩*产干草达1 400kg以上。

---

　　*　亩为非法定计量单位，1亩 = 1/15公顷。——编者注

　　耐盐能力强,在4‰复合盐胁迫下正常发芽,且发芽率达到86%;0.4% 氯化钠(NaCl)处理至第12天时,苜蓿种子的发芽势71%,苜蓿幼根长度5.6cm,幼芽长度3.1cm。该品种初花期干物质中含粗蛋白21.8%,中性洗涤纤维33.3%,酸性洗涤纤维25.6%,粗灰分9.8%,钙2.36%,磷0.23%。

甘农9号苜蓿单株

甘农9号苜蓿根系

甘农9号苜蓿叶片

甘农9号苜蓿种子

二、适宜种植区域

适宜我国北纬33°至北纬36°之间暖温的西北灌区种植。目前推广种植区域北至新疆塔城，南至安徽蚌埠。

三、种植技术

（一）选地

一般土壤均可种植，但沙质土、地下水位高于2m、排水不良的积水土地不宜种植。

（二）土地整理

精细整地，进行深翻、耕细、整平，达到地平、土碎、土细。播前除尽杂草。深翻、耕细、整平后随即镇压，以使播种深度一致，保证全苗。翻耕前根据土壤肥力情况施基肥（厩肥、化肥）。

（三）播种

1. 播种期

西北适宜地区可春播、夏播或秋播。一般4—5月播种，秋播最迟不晚于7月底，否则影响越冬。一般推荐春季播种和雨季抢墒播种。

2. 播种量和播种方式

播种量1.2～1.5kg/亩。播种方式主要有条播、撒播和穴播，条播行距15cm。

（四）田间管理

1. 水肥管理

播种前和刈割后先测土壤养分，根据土壤养分状况施入合理的肥料种类和用量，一般播种前施用30kg/亩氮磷钾复合肥做底肥，其后每年第一茬刈割后应追施磷钾复合肥

10 ～ 13.3kg/亩,以促进苜蓿再生和提高苜蓿抗虫抗病性。越冬前施入少量钾肥和硫肥,以提高越冬率。在生育期每次刈割后,如遇干旱应结合除草及时灌溉。越冬前灌足冬水。

2.病害、杂草防控

苜蓿病害的发生受多种因素影响,种植过程中须制定合理的栽培措施,如水肥管理、及时刈割或提前刈割,及时预防才能有效减少病害发生与危害,实现牧草生产的高产、优质和高效。

四、利用技术

(一)收获

建植第一年在初花期刈割,第二年及以后年份,第一茬刈割时间为现蕾期,第二茬及以后初花期刈割,如果推迟刈割则会导致品质迅速下降。每年可刈割3 ～ 4次,留茬高度5 ～ 6cm。末次刈割时间应在初霜来临前30d,给地上部分留存充足的时间向根部贮存养分,以利越冬。

(二)贮藏加工

可分别加工成青饲、青贮和青干草进行贮藏。

青饲。适口性好,消化率高,刈割后可直接饲喂家畜。

青贮。加工成青贮时要控制好水分,在盛花期刈割,自然晾晒,使苜蓿水分降至60% ～ 65%,此时青贮容易成功。

青干草。在始花期和盛花期刈割后晒干,含水量不超过8%,可直接饲喂家畜或作为商品出售,也可进一步加工成草粉或颗粒饲料。

(三)饲喂

该苜蓿品种适口性好、营养价值高,是饲喂猪、禽、兔、牛、羊等的良好蛋白质和维生素补充饲料,无论是青饲、青贮或青干草，都是畜禽优质饲料。用该品种制成苜蓿干草粉，配制畜禽全价饲料，利用价值更高。

五、推广应用案例

2018年甘农9号紫花苜蓿在甘肃省酒泉市肃州区建成原种扩繁田1 500亩，种子产量平均达到60kg/亩；在酒泉市瓜州县西湖镇推广种植1 000亩，干草产量平均达到1 024kg/亩；在瓜州县南岔镇推广种植1 200亩，干草产量平均达到1 090kg/亩；瓜州县瓜州镇推广种植1 100亩，干草产量平均达到1 060kg/亩。

甘农9号苜蓿种子田

甘农9号苜蓿推广田

甘农12号紫花苜蓿 ///////////////////////////

甘农12号紫花苜蓿（*Medicago sativa* L. 'Gannong No. 12'）是甘肃农业大学草业学院以直立丰产型甘农3号紫花苜蓿、中度秋眠级速生型游客紫花苜蓿和高秋眠级抗蚜兼抗蓟马紫花苜蓿HA-3为亲本，通过杂交选育的耐盐、速生、抗蓟马、优质高产性状集成的紫花苜蓿新品种。该品种可耐受4‰复合盐的胁迫。2022年，全国草品种审定委员会审定通过，登记号621。

一、主要特性

豆科苜蓿属多年生草本植物。直根系具侧根，根系发达，株型直立，分枝多，株高90～110cm；羽状复叶，叶色中绿；总状花序，花冠紫色；荚果螺旋形，大多数2～3.5回；每荚种子2～15粒，种子肾形，黄色到浅黄色，千粒重2.32g。

属较早熟品种，返青早，生长快，生育期120～140d，每年可刈割多茬，牧草产量较高，年均干草产量为1 333kg/亩。牧草品质好，初花期干物质中含粗蛋白20.5%，中性洗涤纤维39.4%，酸性洗涤纤维31.3%，粗灰分7.29%，钙2.76%，磷0.24%。

具有一定的抗旱耐盐能力，可以在4‰复合盐胁迫下正常发芽，且发芽率达到85%；0.4% NaCl处理至第12天时，种子的发芽势67%，苜蓿幼根长度7.1cm，幼芽长度3.6cm。

甘农12号苜蓿单株

甘农12号苜蓿根系

甘农12号苜蓿叶片

甘农12号苜蓿种子

二、适宜种植区域

适宜在我国北纬34°至北纬44°之间温暖的西北干旱、半干旱灌区种植。

三、种植技术

（一）选地

该苜蓿品种在中性和微碱性土壤中均可种植，但沙质土、地下水位高于2m或排水不良的积水土地不宜种植。大面积种植时应选择较开阔平整的地块，以便均匀生长和高产优质，以及进行机械收获作业。种子生产田应选择光照充足的区域，以利于种子发育成熟。

（二）土地整理

精细整地。深翻、耕细、耙平，达到土碎、土细、平整。播前控制杂草。在深翻、耕细、耙平后镇压，以使播种深度一致，保证齐苗全苗。在翻耕前施农家肥、厩肥或复合肥作基肥。如果前茬作物病虫害多发或前茬种植蔬菜，可结合施肥，用杀菌杀虫剂拌种或处理土壤。

（三）播种

1.播种期

西北地区可春播或秋播，春播时间为4月初至5月中旬前，秋播时间为7月下旬至8月上旬。一般推荐春季播种或适宜播种期雨季播种。

2.播种量

灌溉区建植种子田，播种量0.2～0.26kg/亩，旱作区或山地播种量可略增。灌溉区饲草田播种量1.4～1.5kg/亩。

3.播种方式

条播、撒播或穴播均可。条播更有利于大面积田间管理和收获晾晒。饲草田条播播种行距15～20cm。

（四）田间管理

1. 水肥管理

种植时或刈割后建议测土施肥。一般建植前施用复合肥作底肥，其后每年第一茬刈割后追施磷钾肥，以促进苜蓿再生和提高苜蓿抗虫性、抗病性。越冬前施入少量钾肥和硫肥，以提高越冬率。在西北地区若要获得较高的饲草产量，应适时进行灌溉，以提高干草产量。

2. 病虫害、杂草防控

病虫害的发生受多种因素影响，种植过程中须制定合理的栽培措施，如水肥管理、及时刈割或提前刈割，及时预防才能有效减少病虫害的发生与危害。苗期生长缓慢，可通过人工或使用苜蓿专用除草剂清除杂草。每茬刈割后苜蓿生长较杂草快，可通过及时刈割进行杂草防除。

四、利用技术

（一）收获

建植第一年建议在初花期刈割，第二年及以后年份第一茬在现蕾期刈割，第二茬及以后各茬次在初花期刈割，如果推迟刈割则会导致品质迅速下降。每年可刈割4次，留茬高度5～6cm。末次刈割应在初霜来临前30d进行。

（二）贮藏加工

可加工成青饲、青贮和青干草进行贮藏。青饲适口性好，消化率高；青贮制作加工时要控制好水分，盛花期刈割后采取自然晾晒方式使苜蓿水分降至60%～65%，此时青贮容易成功；青干草含水量不超过8%。

（三）饲喂

适口性好，营养价值高，无论是青饲、青贮还是青干草，都是畜禽优质饲料，是饲喂草食性动物的良好蛋白质和维生素补充饲料。以鲜草或青贮料饲喂奶牛，可显著增加奶牛产乳量；用该品种制成苜蓿干草粉，配制畜禽全价饲料，利用价值更高。

五、推广应用案例

2019—2021年，甘农12号紫花苜蓿在甘肃省酒泉市玉门市和金昌市永昌县朱王堡镇进行推广种植，对当地的气候、土壤表现出较好的适应性和稳定的生产性能。在酒泉和金昌的平均干草产量分别达到1 214.1kg/亩和1 256.9kg/亩。

2023—2024年，甘肃省酒泉市玉门市建成苜蓿原种扩繁田30亩，种子产量达到30kg/亩；甘肃省金昌市永昌县建成原种扩繁田100亩；新疆维吾尔自治区塔城市建成原种扩繁田100亩。

甘农12号苜蓿种子田

中苜5号紫花苜蓿 ///////////////////////////////////

中苜5号紫花苜蓿（*Medicago sativa* L. 'Zhongmu No.5'）是中国农业科学院北京畜牧兽医研究所选育的耐盐高产紫花苜蓿新品种，可耐受土壤含盐量为2.1‰～4.5‰的以氯化钠为主的盐碱类型。2014年，全国草品种审定委员会审定通过，登记号463。

一、主要特性

豆科苜蓿属多年生草本植物。直根系具侧根，根系发达，株型直立，分枝多，株高80～115cm。叶片较大，叶色深绿。耐盐高产型品种，在含盐量为2.1‰～4.5‰的盐碱地上，雨养条件下干草产量可达1 100kg/亩。该品种初花期干物质中含粗蛋白18.7%，粗脂肪1.77%，粗纤维31.3%，无氮浸出物37.82%，粗灰分8.8%，中性洗涤纤维43.6%，酸性洗涤纤维34.3%。可用于调制干草、青贮、青饲，也可直接放牧采食。

二、适宜种植区域

适于黄淮海地区轻度、中度盐碱地及华北、西北类似地区种植。

三、种植技术

（一）选地

苜蓿适应性强，对土壤条件要求不是十分严格。最适宜在土壤干燥、地势平坦、土层深厚疏松、排水条件好、中性或微碱性沙壤土或壤土、盐渍化程度低、交通便利和管理利用方便的地区种植。

（二）土地整理

整地主要包括地表清理、翻耕、平整、镇压等。地表清理主要是进行灭茬灭草和清理地面杂物，前茬作物的残留秸秆和杂草等可用旋耕机进行粉碎处理；土壤翻耕深度约30～50cm；平整主要是耙碎土块，使土壤成为细颗粒状，平整地表；耕翻、碎土后土壤的需要镇压紧实，以脚踩上后下陷0.5～1cm为宜。

（三）播种

1. 根瘤接种

在盐碱条件下，筛选出菌株17525与菌株17581高效匹配。在大面积播种前按种菌比（5～10）∶1的比例，将根瘤菌剂与苜蓿种子混合均匀后播种。接种根瘤菌增产率达20%左右，增产效果可维持两年。

2. 播种时间

黄淮海及华北盐碱地最佳播种时间在8月中下旬至9月中下旬，土壤墒情适宜、土壤含盐量相对较低，此时播种可降低盐碱对苜蓿种子萌发的影响，同时有效避免苜蓿苗期的杂草危害。

3. 播种方式

种植密度采取"窄行距+大播量"，播种机械为小麦播种机或牧草播种机，条播，行距10～15cm，播种量1.5～2.0kg/亩（裸种子），播种当年苜蓿产量显著提高，增产幅度在20%以上。采用"深开沟、浅覆土"的播种方式，开沟深度为3cm左右，覆土1cm左右，播种后要及时镇压。种肥可采用颗粒状的磷酸二铵做种肥，用量为苜蓿种子重量的 1 ～ 2 倍。

（四）田间管理

1. 灌溉

灌溉是达到苜蓿高产、稳产、优质目标的重要措施。灌溉原则是"少次多量，灌足灌透"。黄淮海地区雨养或者冬灌一次，西部地区苜蓿灌溉量 200 ～ 400mm，大体由东南向西北逐渐增加。灌溉的关键期是播种、苗期、分枝期、刈割后、入冬前和返青后，在各时期如无有效降水，应及时进行灌溉。冬灌时应掌握"夜冻日消，灌足灌透"的原则，适宜温度是白天气温 10℃左右，夜间 0℃左右。在每次刈割后结合追肥及时灌水一次，有利于再生草的生长。灌溉方式有地面漫灌、喷灌、滴灌等，大田生产中采用喷灌较好，更适合机械化收获。

2. 施肥

施肥有利于增加苜蓿产量。重视测土配方施肥，根据苜蓿需肥规律、不同土壤的养分状况和目标产量，来确定最佳的施肥方案，如河北沧州和山东东营适宜的亩施肥量为磷肥（P_2O_5）4kg+ 钾肥（K_2O）12kg，此施肥量下产量最高，较不施肥分别增产 12.9% 和 15.0%。底肥一般使用有机肥或磷肥，亩施有机肥 3 ～ 5m³ 或过磷酸钙 50 ～ 100kg，结合深翻耕作业均匀混入耕作层土壤中，深度 10 ～ 15cm，条施于种子下面效果最好。每次刈割后追肥可促进苜蓿再生草的生长，可结合灌溉施用氮磷钾复合肥，亩施用量为 15kg 左右。

3. 杂草防除

苜蓿幼苗生长缓慢，易受杂草危害，杂草严重会使苜蓿建植失败。播前可喷施土壤处理剂氟乐灵，亩用量 100 ～ 150ml，可防止大多数一年生禾本科杂草萌发；在苜蓿苗期杂草株高10cm以下时，可叶面喷施茎叶处理剂苜草净，亩用量100～150ml，可防治大多数一年生禾本科杂草和部分阔叶杂草。注意在苜蓿田防除杂草时，需在刈割前15d施药。

四、利用技术

（一）收获

在黄淮海及华北地区种植的苜蓿，春季第一茬长势好、产量高、无杂草，收获后能制成最理想的商品干草；夏季多阴雨天气，第二、三茬收获时遇雨淋风险很大，最好做半干青贮利用。若用作饲喂奶牛、猪、鸡等，则最佳收获期是现蕾期；若用作饲喂肉牛、羊等，则最佳收获期是初花期。可以35d左右刈割一次，年刈割4～5次。在河北沧州，苜蓿青贮产量可达2 500～3 000kg/亩。

（二）贮藏加工

根据家畜饲喂需要，把苜蓿加工成适合各种家畜的饲料，如干草、裹包青贮等，苜蓿的加工与贮藏可以提高苜蓿的质量和利用率。

1. 干草调制

收割。收割机械选用带压扁辊的割草机，可使茎叶干燥速度相对一致，减少叶片因过度干燥造成的损失。阴天可全天刈割。如天气晴朗，刈割作业宜在18:00—24:00进行，以尽量减少机械收获时造成的落叶。

翻晒集拢。尽量在早晨或傍晚进行翻晒、集垄作业，作业时间要尽量短。一般翻晒1～3次。搂草要在草条潮湿时进行，草条干燥好后，宜带一定露水搂草；搂草机的弹齿或耙齿距地面2cm左右，以尽量避免带起泥土污染饲草。

打捆。苜蓿进行打捆作业时的最佳含水量为16%～20%。

小方草捆含水量不能高于20%，大方草捆或大圆捆含水量不高于16%。打捆作业最好在18:00后进行。清晨露水较多及空气湿度太高时都不宜进行打捆。尽量减少机械对苜蓿碾压，避免将土块、杂草、腐草等混入草捆。打高密度大捆时需添加防腐剂。

2. 裹包青贮

苜蓿裹包青贮加工的工艺流程为：适时收获（现蕾期至初花期）—适当晾晒（调节含水量到45%～55%）—搂集—切碎（加入添加剂）—打捆（圆捆打捆机）—包膜（拉伸膜裹包机将草捆裹包4层以上）—堆放（堆积高度不超过2层）。

3. 贮藏

（1）干草捆贮藏。苜蓿水分降低到15%～18%时即可进行贮藏。一般采用露天堆藏、草棚堆藏和二次压捆贮藏的方式。

大圆草捆重量大，搬运不方便，占用空间多，多采用露天贮存的方式。草捆堆垛要紧实、整齐，减少风吹和雨淋。草垛之间要留有过道，堆放好后，用塑料布或防雨布覆盖。

小方草捆或大方草捆也可露天贮存，并加盖防雨布或塑料布。草捆在仓库里贮存20～30d后，其含水量降到12%以下时，即可以进行二次压缩高密度打捆。高密度打捆的目的是降低运输成本。高密度草捆打好后，就可以进行封塑包装，这样草捆可以长期保存。

（2）青贮包贮藏。在适宜的温度下，4～6周即可完成发酵。拉伸膜裹包后的草捆应卧放，堆积高度不能超过2层，须防晒、防雨雪，防止鼠害、鸟啄。存放过程中尽量减少搬动次数，避免拉伸膜破损。

（三）饲喂

1. 奶牛

日粮中用适宜的苜蓿青干草替代部分精料，可以提高产奶量，每头泌乳牛每天6～9kg为宜。

2. 肉牛

用苜蓿饲喂肉牛，增重快，效益高，肉质好。苜蓿干草是肉牛的优质饲草，现蕾期至盛花期的苜蓿干草饲喂育肥牛，增重效果较好。苜蓿草粉在肉牛配合日粮中的比例为25%～45%或更多。肉牛饲喂苜蓿草颗粒，可增加采食量，提高苜蓿利用率，减少浪费。用苜蓿青贮饲喂育肥肉牛，增重效果和养殖经济效益都比苜蓿干草高，苜蓿青贮和玉米青贮混合饲喂有利于提高饲料的利用率。每头牛每天可饲喂苜蓿青贮2～4kg。

3. 肉羊

苜蓿草粉在肉羊混合料中的比例可达50%以上。苜蓿颗粒能够增加肉羊的自由采食量。以喂干草计算，平均每只羊每天0.5kg苜蓿，再适量搭配其他禾本科牧草、秸秆及混合精料。如果饲喂半干青贮苜蓿，每天不超过1kg。喂鲜苜蓿和放牧利用时，要注意避免空腹和单采食苜蓿，以免发生臌胀病。

4. 猪

以草粉添加饲喂最为常见，对育肥猪和妊娠母猪都具有良好的饲喂效果。苜蓿粉掺入育肥猪配合料的比例不宜超过5%，母猪日粮中优质苜蓿粉可占日粮的20%。苜蓿青贮成本相对较低，在日粮中添加比例在10%左右。日粮中添加苜蓿青贮可以提高初产母猪的产活仔数及仔猪的断奶重。

5. 鸡

在蛋鸡配合料中加入3%的苜蓿粉，可以明显改善蛋黄的颜色，也有助于鸡群健康，同样方法喂肉鸡可增加肉鸡胴体着色。苜蓿叶粉饲喂效果更好，在日粮中的比例可以增至5% ～ 8%。此外，用较幼嫩的苜蓿切碎或打成浆饲喂蛋鸡效果更明显。

五、推广应用案例

中苜5号等中苜系列耐盐高产紫花苜蓿新品种已在河北沧州滨海盐碱地大面积应用。河北省沧州市黄骅市旧城镇属于滨海盐碱地，耕层土壤含盐量4‰左右，属中度盐碱地，目前以玉米、小麦、杂粮种植利用为主。但由于淡水严重短缺、土壤贫瘠盐分高，农作物产量低而不稳，利用效率普遍偏低，粮食单产不足300kg/亩，亩均纯收益不足200元。黄骅市林江农业科技发展有限公司2019年种植中苜5号紫花苜蓿0.7万余亩，雨养旱作条件下苜蓿干草单产稳定在800 ～ 1 000kg，亩均经济效益达到1 000元以上，远高于其他盐碱地种植利用模式。

吉苜1号紫花苜蓿 ///////////////////////////////

吉苜1号紫花苜蓿（*Medicago sativa* L.'Jimu No. 1'）是由吉林农业大学通过杂交、混合选育的紫花苜蓿品种。不仅抗寒性良好，在东北地区冬季无雪覆盖情况下能够安全越冬，而且可耐受轻度氯化物和复合盐碱胁迫。2024年，全国草品种审定委员会审定通过，登记号657。

一、主要特性

苜蓿属多年生草本植物。株型直立，株高110～120cm，直根系，根系发达；茎多四棱形，绿色；三出羽状复叶，叶片长卵圆形，叶缘有锯齿，无毛，长2～3cm；总状花序，腋生，由15～30个小花组成，长约8mm，蝶形花冠，紫色花，异花授粉；荚果螺旋状卷曲，成熟时褐色至黑褐色；每荚含种子4～9粒，种子为不规则肾形，淡黄色至黄褐色，长约2mm，千粒重2.2～2.4g。

二、适宜种植区域

适宜在东北三省及内蒙古东部寒区推广种植。

三、种植技术

（一）选地

年平均气温5℃以上，≥10℃的年积温超过1 700℃；最低温≥零下30℃，最高温≤35℃；海拔2 700m以下，无霜期

100d 以上的地区。

适宜在土层深厚、疏松且富含钙的黑钙土、栗钙土、灰钙土上生长。下层土壤要求无硬盘层，或土深至少 1m。质地沙黏比例适宜，土壤松散，通气透水，保水保肥，以壤土和黏壤土为宜。土壤 pH 在 6.5 ～ 8.5，可溶性盐分在 3‰ 以下。不宜选择太砂、太贫瘠土地。

（二）土地整理

整地作业标准化，包括平整、翻耕、碎土耙平、镇压等。要求田内整体平，无死台，土壤必须达到上虚下实，疏松土层不能超过 1.25cm。

种植时宜深翻耕地，初次翻耕或 2 年内未深耕的土地，耕深应达到 30cm 以上。

（三）播种

1. 播种期

尽量避开风沙。播种时间在 5 月下旬至 6 月下旬，尽量在 7 月中下旬之前结束。土壤黏性大，没有风沙的地区 4 月中下旬即可开始播种。

2. 播种方式

条播或撒播，播深控制在 1.0 ～ 1.5cm，播量 1.0 ～ 1.5kg/亩。盐碱地应适当增加播量。

（四）田间管理

病害主要有镰刀根腐病、叶斑病、锈病。管理方法：加强倒茬，春季浅耙，点火烧田或清理田内外杂质，降低病原；土壤施肥，增加磷钾含量，特别是钾肥；二茬雨季喷洒磷酸二氢钾及速乐硼；提前收割一、二茬，延长第三茬收割期，降低叶斑病的扩展。土壤追肥，在春季返青或一茬收割后补充氮磷钾，叶面肥主要在二、三茬苜蓿封行时喷施液体肥。土壤追肥除深度要求3～5cm，与轻耙结合进行外，其他与基肥一致。

四、利用技术

（一）收获

根据苜蓿的生育期、病虫草害的发生及天气情况综合考虑确定收获时间和面积。最后一茬收获可在苜蓿进入休眠后进行。留茬控制在3～5cm，确因土地不平导致留茬受影响的除外。

（二）贮藏加工

根据产量情况采用单条或双条搂草，遇雨只能采用单条搂草。水分在22%左右可以打包，打包平均水分最高不得超过25%。

（三）饲喂

苜蓿晒干加工成草粉或与其他禾本科牧草、秸秆混合青贮饲喂家畜，草粉与精料混合时一般占混合料的5%～15%。

五、推广应用案例

吉林京润草业有限公司在吉林前郭苜蓿科技小院和苜蓿优质品种育种基地，利用轻度盐碱地种植吉苜1号紫花苜蓿2.3万亩，2023年收获苜蓿干草0.5万t、苜蓿裹包青贮1.2万t。苜蓿干草2 100元/t，苜蓿裹包青贮1 000元/t，刨除土地租赁、机耕费等成本外，年收入1 560万元，平均每亩收益678元。据测算，京润公司种植紫花苜蓿改土效果显著，苜蓿种植当年，0～10cm土层电导率降低52.87%，pH降低1.69%；5年生苜蓿草地，15～30cm土层含盐量降低50%左右，pH降低9.32%，有机质增加78.16%。

吉苜1号群体

吉苜1号生产示范（建植）

吉苜1号生产示范（收获）

吉苜1号生产示范（青贮）

公农1号紫花苜蓿 //////////////////////////////

公农1号紫花苜蓿（*Medicago sativa* L.'Gongnong No.1'）是吉林省农业科学院草地与生态研究所从"格林"苜蓿品种群体中选育抗寒性单株，经多年栽培驯化而成的。该品种除具有叶量大、再生性较好、抗寒性强、病虫害少、产草量高等特性，还可耐受轻度氯化物盐碱。1987年，全国草品种审定委员会审定通过，登记号4。

一、主要特性

豆科苜蓿属多年生草本植物。株型半直立型，自然株高80～120cm；三出复叶，叶量大；总状花序，花色以紫色为主；荚果螺旋形；种子肾形、浅黄色，千粒重1.8～2.0g。

该品种抗寒、抗旱，适应性较好，生长速度快，耐刈割，产草量高。对土壤要求不严格，可在沙土、贫瘠的黑钙土和暗棕壤土上种植。在东北地区生育期90～110d；年平均干草产量800～1 000kg/亩，种子产量30kg/亩。在吉林省中西部地区，播种第1年后，每年4月上旬返青、6月中旬开花、7月中下旬种子成熟，病虫害少而轻。在东北零下35°条件下可安全越冬，越冬率在95%以上。

二、适宜种植区域

适宜在我国东北、西北和华北地区，土壤pH 8.0左右、含盐量小于3‰的轻度苏打盐碱地种植。

三、种植技术

（一）选地

饲草生产选择地势平坦、地下水位大于1.5m或地势较高、不易产生积水的地块，种植区域要适于机械化作业。种子生产选择气候温暖、地势平整、通风好、光照充足、降水少并且有灌溉条件、土层深厚的地块。

（二）土地整理

播前要求精细整地，主要是灭茬和清理地面杂物，前茬作物的残留杂草可用旋耕机进行粉碎处理，土地深翻后及时对土壤进行耙平以保持土壤墒情，使土壤成为细颗粒状，平整地表。在地下水位高或者降水量多的地区要做好排水系统，防止后期发生积水烂根导致大面积死亡的现象。

（三）播种

1.播种期

春、夏、秋季均可播种。在东北地区，春播主要集中在4月中旬至5月末，有些地方可在早春进行顶凌播种，以利用宝贵的冻融水促进出苗。夏播主要在6月底之前进行，夏季雨水多，杂草生长较快，播前先施用灭生性除草剂消灭杂草，然后播种，要尽可能避开暴雨和暴晒，最好在雨后抢墒播种。北方地区秋播应尽早，通常以7月上旬为宜，但在东北地区不应迟于8月中旬，太迟不利于苜蓿越冬。

2.播种量

具体根据播种方式和利用目的而定。以刈割为利用目的，播种量为1～1.5kg/亩；以收获种子为目的，播种量为0.5～0.67kg/亩。盐碱地、贫瘠的荒地根据实际情况可适当增加播量以保证出苗率。

3. 播种方式

条播和穴播。收草田可采用条播，条播行距15～30cm，播种后及时镇压。收种田可采用宽行条播或穴播，行距60～90cm，穴播株距30～50cm，播种深度1～2cm左右，播后及时镇压。

（四）田间管理

1. 苗期管理

苗期生长缓慢，易受杂草侵害，要及时清除杂草，适时采用化学、人工、机械方法进行中耕除草。在返青前或收获后进行中耕松土，利于保墒。播前可喷施土壤处理剂氟乐灵，可防止大多数一年生禾本科杂草萌发。在苜蓿苗期杂草株高10cm以下时，可在叶面喷施茎叶处理剂苜草净，防治禾本科杂草和部分阔叶杂草。亦可喷施除草剂咪草烟+精喹禾灵、咪草烟+烯禾啶、咪草烟+苯达松，灭除禾本科杂草。

2. 水肥管理

种植当年若底肥不足，应在生长期及时追肥。每年的返青期、每茬刈割后需及时追肥，每公顷追施氮肥（尿素）15～20kg，硫酸钾150～225kg，磷酸二铵100～150kg。在北方寒冷地区，秋季刈割后，增施磷钾肥对紫花苜蓿的越冬能起到很好的促进作用。有灌溉条件下，可在返青后和越冬前进行灌溉，各灌水1次，以提高产量。

四、利用技术

（一）收获

饲草利用每年刈割二至三茬。最佳刈割期应在现蕾初期至初花期，留茬高度5cm左右。现蕾期刈割，干草平均粗蛋白含量18%，最高可达22%，饲用价值相对较好。在北方寒冷地区，最后一茬刈割时间应在初霜来临前一个月进行，留茬高度 8～10cm，保证在霜冻来临之前有足够的时间在根系储备丰富的营养物质，以利越冬。

（二）贮藏加工

可进行半干青贮或调制干草。用作青贮时，要在刈割后晾晒鲜草，使其含水量降至60%，添加乳酸菌或酸化剂。北方地区多调制成干草储藏。收获时，刈割压扁保证压扁率90%以上。打捆时，草捆的安全含水量应控制在小捆含水量低于20%，中捆含水量低于15%，大捆含水量低于10%。含水量过高，易引起腐烂变质；过低则叶片损失较多，产量和品质降低。

（三）饲喂

饲喂鲜草时，要控制牛、羊的饲喂量，以免引起臌气病。由于新鲜牧草植株内含有皂苷，家畜多食易发生臌气病，应将刈割的苜蓿经过晾晒、铡短后再饲喂牲畜，以防牲畜消化不良或引起胀气。鲜草饲喂应与禾本科牧草搭配使用，苜蓿饲喂量控制在30%～50%。

五、推广应用案例

吉林省农业科学院联合吉林京润草业有限公司在吉林省松原市前郭县流转12 000亩的轻度盐碱地（土壤含盐量小于3‰）大面积种植公农1号紫花苜蓿。紫花苜蓿主要利用方式为青贮和调制干草，2022年种植第一年，第一茬苜蓿裹包青贮的产量为每公顷9t，当年裹包青贮价格为每吨1 470元，扣除租地费4 000元/hm²，种植第一年仅第一茬草每公顷的收入约10 000元。此外，通过种植紫花苜蓿，土壤有机质含量提高20%以上，氮肥使用量节约30%左右。辐射带动周边企业及农户种植加工紫花苜蓿，为农户提供播种、管理、刈割、打包等服务，提高草产品附加值，增加农民收入，间接效益达1 000万元。

公农1号苜蓿单株

公农1号苜蓿松原示范基地

公农5号紫花苜蓿 ////////////////////////////////////

公农5号紫花苜蓿（*Medicago sativa* L. 'Gongnong No.5'）是吉林省农业科学院草地与生态研究所培育的品种。适宜在我国北方温带地区种植，可耐受轻度氯化物盐碱。2010年，全国草品种审定委员会审定通过，登记号414。

一、主要特性

豆科苜蓿属多年生草本植物。株型直立或半直立；总状花序，花以紫色为主；荚果螺旋形，成熟时呈褐色至黑褐色，种子为不规则肾形，淡黄色至黄褐色，千粒重1.99g。

抗寒、抗旱性强，在吉林公主岭、农安、大安越冬率可达98%以上。无灌溉条件下，在吉林省中西部地区生长良好，也未发现严重病虫害。干草产量0.8～1t/亩，种子产量17～32kg/亩。初花期风干样品干物质中含粗蛋白19.88%，粗脂肪2.57%，粗纤维28.64%，无氮浸出物31.87%，粗灰分7.56%。

二、适宜种植区域

适宜在北方温带地区种植，可在土壤pH 8.0左右、含盐量小于3‰的轻度苏打盐碱地正常生长。

三、种植技术

（一）选地

适宜在地势平坦、能够使用大型机器作业的地块种植，种植地同时应兼具排水良好、土层深厚、中性或微碱性黏土、壤土或沙壤土等特征。不宜在低洼易涝和积水地方种植。

（二）土地整理

播前要求精细整地，保持土壤墒情。土壤应保证上虚下实，这样可以控制播种深度和保证种子萌发出苗及苗期正常生长。在播种前还应进行翻地、耙地、耱地和镇压等一系列作业，以保证土地平整，无杂草生长。

（三）播种

1. 播种期

在东北地区，4月20日至8月初均可播种；6月底前播种，当年可刈割一茬；7月以后播种，当年不宜刈割，以利越冬。

2. 播种方式与播种量

可条播、撒播和穴播，但主要以条播为主。使用苜蓿播种机可使开沟、播种、覆土同时完成。种植行距30～40cm，播深1～2cm，播量1.0～1.5kg/亩。

（四）田间管理

在生产中，肥料的配合使用必不可少，可以搭配施入基肥和种肥，以保证良好的出苗效果。由于苜蓿苗期生长缓慢，易受杂草侵害，应及时除草。在返青前或收获后进行中耕松土，利于保墒。

四、利用技术

（一）收获

初花期刈割。北方地区最后一次刈割应在早霜来临前一个月进行，以保证牧草安全越冬和返青。刈割时建议留茬10cm左右，留茬过高则部分茎叶末被收获，降低产量和收益，而留茬过低则会影响苜蓿再生的成活率和产量。

（二）贮藏加工

干草调制。干草调制主要包括压扁、摊晒、翻晒、搂草、打捆等。应选择在天气条件良好时进行收获。通过摊晒，使鲜草的含水量下降到40%，摊铺厚度10～15cm为宜，过厚不利于水分散失，且牧草内部温度会升高，情况严重则会发霉，过薄则受风、雨、太阳辐射等外界的影响较大，造成养分流失。为了使饲草中的水分缓慢蒸发，可利用翻晒将牧草的含水量降至16%以下，田间翻晒次数不应过多，以2次为宜。搂草作业通常使用搂草机完成，应注意工作连续、密度均匀、减少泥土污染。打捆作业时，要注意草捆密度均匀适中。

青贮。鲜草含水量为55%～65%时进行青贮作业。水分含量过高会过度发酵，营养成分大幅减少；水分含量过低，原料接触不紧实，则发酵程度低，易发生霉变。

（三）饲喂

注意控制饲喂量。若牛羊等反刍动物过多采食苜蓿，其会在瘤胃内迅速发酵，产生大量气体，从而发生胀气等现象。

五、推广应用案例

吉林省松原市在轻度盐碱地种植公农5号紫花苜蓿30 000亩，2023年收获苜蓿干草0.2万t、裹包青贮苜蓿1.5万t，苜蓿干草售价2 000元/t，裹包青贮售价1 100元/t，年销售收入2 050万元，扣除土地租赁、机械投入和劳动力等成本900万元，年纯收入1 150万元，平均每亩纯收益383元。

此外，种植紫花苜蓿改土效果显著。盐碱地种植苜蓿可显著降低土壤含盐量和pH，改善土壤理化性状，提高土壤质量。苜蓿种植当年，0～10cm土层电导率降低52.87%，pH降低1.69%；5年生苜蓿草地，15～30cm土层含盐量降低50%

左右，pH降低9.32%，有机质增加78.16%。

公农5号苜蓿

公农5号苜蓿裹包青贮

松原示范基地（8 000亩）

白城示范基地（1 000亩）

龙菁1号紫花苜蓿 ///////////////////////////////

龙菁1号紫花苜蓿（*Medicago sativa* L. 'Longjing No. 1'）为黑龙江省农业科学院草业研究所选育的紫花苜蓿新品种，该品种耐寒性强，可在pH为8～8.5的中轻度苏打盐碱地种植。2023年，全国草品种审定委员会审定通过，登记号649。

一、主要特性

豆科苜蓿属多年生草本植物。主根明显，根系发达，株型直立，株高82～112cm；羽状三出复叶，小叶卵圆形，叶色绿；短总状花序，腋生，花萼筒状针形，蝶形花冠，紫色花；荚果螺旋形，黑褐色，内含种子3～6粒；种子肾形，黄褐色，千粒重1.9g。耐盐碱品种，在pH为8～8.5的中轻度苏打盐碱地种植，干草产量可达700kg/亩。该品种现蕾期干物质中含粗蛋白19.22%，粗脂肪2.82%，粗纤维25.16%。

可用于放牧和调制干草、青贮、青饲。在哈尔滨地区翌年4月中旬左右返青。8月上中旬种子成熟，生育期113d左右。在冬季有雪覆盖的情况下，可耐零下35℃低温，春季返青率95%以上，抗寒性属高等水平。

龙菁1号单株

龙菁1号叶

龙菁1号根

二、适宜种植区域

可在东北三省及内蒙古东北部年平均降水量300～500mm，海拔150～500m，≥10℃的年积温2 887℃的地区种植。

三、种植技术

（一）选地

对土壤要求不高，除了太黏重和盐碱度过高的土壤不宜种植外，其他土壤均可种植。由于东北地区土壤温度较低，熟化慢，速效肥少，杂草多，要选择土层深厚、土质疏松、钙含量较高、排水良好且适于机械化作业的地块。

（二）整地

播种前精细整地，深耕细耙，保持土层深厚、土壤细碎、上松下实，以利出苗。新开垦地块播种之前进行全面除草工作。有灌溉条件的，播前应先灌水，以保证出苗整齐。无灌溉条件的地区，整地后进行镇压，以利保墒。如果耕地种植首蓿，最好是秋翻地，半干旱地区尽量不要春翻地。

（三）播种

1. 播种时间

耕层土壤稳定维持在5℃时，即可播种。东北地区4月底至5月初可以播种，播种时间不宜太晚，最晚不要超过6月中旬，否则影响苜蓿越冬。春播应尽量提早，争取尽早出苗，以免受春旱和烈日及杂草的危害。春播苜蓿根部发育健全，有利于安全越冬，当年还可收割1～2次。

2. 播种量

播种量根据草地用途而定。种子田播种量0.54～0.67kg/亩；饲草田播种量为1kg/亩，盐碱地播种量提高到1.34～2kg/亩。

3. 播种方式

条播、撒播均可，以条播为佳，须浅覆土。行距15～30cm。在肥沃地宽行稀植的植株生长健壮，分枝增多，秆粗叶密，茎下枯枝落叶少，产量和品质较高。

4. 播种深度

湿润土壤播深为1.5～2cm；干旱时播深2～3cm，播后应进行镇压以利出苗。

（四）田间管理

1. 苗期管理

播种当年，不论春播、夏播，首要管理措施是杂草防除，以利幼苗生长。

2. 施肥

施足底肥，最好施有机肥，每公顷30～40t，于翻地前均匀撒施，翻入耕层内。一般情况应少施氮肥，只在苜蓿幼苗期、根瘤菌尚未形成前，施少量氮磷肥，或者只施磷肥作为种肥，以促进幼苗的生长发育。一般播种当年施磷肥10kg/亩，刈割后可追施尿素4kg/亩，返青后追施复合肥20kg/亩，提高草产量和品质。

3.病虫害、杂草防治

适时采用化学、人工、机械方法中耕除草。防除禾本科杂草喷施烯禾啶或高效盖草能；防除阔叶类杂草喷施咪草烟＋苯达松；综合防效以咪草烟＋苯达松、咪草烟＋烯禾啶效果为好，防效可达85%以上。病虫害防治可采用生物措施或化学措施防治。

4.收获

东北地区当年春播苜蓿可在秋末刈割一次，第二年后，每年可刈割2～3次。第一次刈割时间一般为6月中旬现蕾期至初花期，间隔40d左右可再割一茬，留茬高度5cm以上。最后一次刈割应在生长季结束前20～30d，刈割过迟不利于植株根部和根茎部营养物质的积累，影响第二年返青。

四、利用技术

（一）青饲

青饲苜蓿的收割和利用时间因为投喂动物的不同而存在一定差异。以饲喂牛、羊、马等草食类动物为主时，应在苜蓿盛花期收割利用，此时单位面积的产草量最高，苜蓿的营养价值最高。而投喂猪幼仔时，主要是将其作为蛋白质和维生素的补充，以补充饲料利用为主，应该在苜蓿现蕾期进行收获。非草食性动物对纤维含量较高的苜蓿消化利用效果较差，需要饲喂幼嫩的苜蓿，宜在苜蓿生长高度达到40cm左右、处于现蕾期之前的营养期时进行刈割。

饲喂新鲜苜蓿给反刍动物时，一般在收获12小时后再投喂，并要和其他干草或者精饲料搭配饲喂，以免瘤胃臌气。

（二）半干裹包青贮

在东北大部分地区，紫花苜蓿的收获时期正值雨季，为优质苜蓿干草生产带来很大困难。苜蓿半干裹包青贮能降低苜蓿遭受雨淋的风险，刈割后晾晒4～6小时即可开始裹包。小雨对苜蓿半干裹包青贮制作几乎无影响，如果条件允许，可连续24小时作业，作业效率高，时间易掌控，当天4～6小时内无降水即可进行刈割，刈割后苜蓿可在最短时间内完成裹包。紫花苜蓿半干裹包青贮最适含水量为45%～65%。从打捆完成到捆包的间隔时间越短越好，间隔时间越长，发霉变质情况越严重。捆包4层最为适合。

苜蓿半干裹包圆捆

（三）调制干草

调制干草所用苜蓿应选择在现蕾期至初花期刈割。干草调制过程中要避免烈日暴晒，防止叶片干燥后脱落，要始终保持叶片是潮润状态，使水分通过叶片蒸发，迅速风干。若苜蓿刈割后1～2d，含水量在50%时遇降水，可及时青贮，以减少损失。苜蓿在收获前24小时，喷洒2.0%～2.8%浓度的碳酸钾，每公顷4～8kg药液，可缩短33%～50%的干燥时间。大面积苜蓿干草产业化生产时，使用大型机械化设备进行苜蓿收割、翻晒、打捆，可快速高效地生产优质苜蓿干草产品。

五、推广应用案例

龙菁1号紫花苜蓿已在黑龙江省绥化市肇东市四方山农场轻度盐碱地进行大面积种植。地块土壤pH为8.25，属轻度盐碱地。目前该地区以种植玉米、大豆、杂粮为主，但由于土壤贫瘠、盐碱分布不均，农作物产量低而不稳。黑龙江农垦东兴草业有限公司2023年种植龙菁1号紫花苜蓿0.3万亩，种植当年收获两茬，半干裹包青贮产量达1t/亩，每吨售价900元，2023年纯收益22万元。第二年种植成本减少，没有种子和化肥的投入，收获三茬，半干裹包青贮产量达1.5t/亩，每吨售价800～900元，纯收益196万～240万元。同期种植玉米基本无收益。

龙菁1号推广应用

公农白花草木樨 //////////////////////////

公农白花草木樨（*Melilotus albus* DesrL.'Gongnong'）是吉林省农业科学院草地与生态研究所选育的新品种。该品种耐旱、耐寒、耐贫瘠性均较强，是优良饲草和绿肥植物，能在中度苏打盐碱地正常生长，适宜作为盐碱地绿肥和水土保持植物利用。2018年，全国草品种审定委员会审定通过，登记号544。

一、主要特性

豆科草木樨属，二年生草本植物。根系发达，主要分布在30～50cm土层。株高190cm，茎直立高大，圆柱形，中空，多分枝；羽状三出复叶，小叶长圆形，先端钝圆，基本楔形，边缘疏生浅锯齿；总状花序，腋生，花萼钟状，花冠蝶形，白色；荚果椭圆形至长圆形，先端锐尖，具尖喙，表面脉纹细，网状，棕褐色，老熟后变黑褐色；有种子1～2粒，种子卵形，长约2mm，棕色，表面具细瘤点，千粒重1.72g。

该品种播种当年不开花不结实。5月中旬播种后10d左右出苗，播种第二年5月初返青，6月末进入始花期，7月中下旬进入盛花期，8月上旬种子成熟，9月上旬进入枯黄期。生育天数130d左右。植株高大，枝叶繁茂，产草量高而稳定，平均干草产量800kg/亩。

二、适宜种植区域

该品种抗寒性及抗旱性较强，在年降水量250～500mm、无灌溉条件、土壤pH为8.5左右、含盐量小于5‰的中度苏打盐碱地可以正常生长。适应范围较广，我国东北、西北和华北地区均可种植。

三、种植技术

（一）选地

该品种适应性较强，对生产地要求不严格，农田、沙地、轻度盐碱地及荒坡地均可种植。大面积种植时应选择较开阔平整的地块，以便机械作业。进行种子生产时应选择光照充足的地块，以利种子发育。

（二）土地整理

该品种种子小，需要深耕、精细整地。播种前清除地面上的残茬、杂草、杂物，翻耕、细耙，充分粉碎土块，平整土地。杂草严重时可采用除草剂处理后再翻耕。在地下水位高或者降水量多的地区要注意做好排水系统，防止后期发生积水烂根。

（三）播种

播种期：春、秋季均可播种。

播种量：一般播种量为0.67kg/亩。

播种方式：可采用条播，行距50cm；播种深度为2～3cm，播后镇压。

（四）田间管理

不追肥，不灌溉，保持自然状态。种子变黄后，应及时收获，防止种子落粒。该品种整个生育期未见感染病害。苗期生长缓慢，要及时清除杂草。第二年以后生长快，有很强的抑制杂草能力。

四、利用技术

刈割。在北方地区可以作割草地利用，第一茬刈割在盛花期进行，刈割留茬高度5～7cm，最后一次刈割应在植株停止生长前30d进行，以利越冬。可青饲、青贮、放牧或调制干草。在我国北方地区主要用于调制干草，制成草捆进行贮藏和运输。

绿肥。该品种可减少暴雨冲刷和地表径流对土地的侵蚀，水土保持效果良好。具有耐寒、耐旱、耐盐碱、耐贫瘠、防风沙等优良特性，是优良的盐碱地改良绿肥植物。

公农白花草木樨群体　　　　　公农白花草木樨品种比较试验

禾本科

甘农2号小黑麦 ///////////////////////////////////////

甘农2号小黑麦（*Triticale wittmack* 'Gannong No.2'）是由甘肃农业大学选育的抗寒、抗旱、抗锈病、耐盐碱小黑麦育成品种，能耐4‰～11‰的盐分。2018年，全国草品种审定委员会审定通过，登记号554。

一、主要特性

甘农2号小黑麦属于冬性小黑麦品种，抗寒性强；分蘖力强，分枝达5～15个；茎秆粗壮直立，株高110～150cm；叶片狭长形；穗状花序顶生，自花授粉，繁殖系数高；种子产量300～400kg/亩；干草粗蛋白含量11.3%～11.83%。研究表明，该品种萌发期和苗期的耐盐等级均为二级，属耐盐材料。在青藏高原海拔低于3 850m的低纬度地区（北纬26°至北纬31°）和海拔低于3 200m高纬度地区（北纬31°至北纬34°）秋播均能正常越冬。其生产性能发挥的主要立地条件是降水量，降水量充足时，干草产量为1 000～1 200kg/亩；干旱少雨时，干草产量为700～800kg/亩。

二、适宜种植区域

适宜在海拔1 200～4 000m、年均温1.1～11.0℃、降水量350～1 430mm的青藏高原高寒牧区、云贵高原及甘肃省干旱半干旱雨养农业区、灌区和4‰～11‰的盐碱地种植。

三、种植技术

（一）选地

对地块没有特殊要求，但地势平坦、沙砾较少的地块产量更高。

（二）土地整理

精细整地，达到地面平整，无垃圾。施用磷酸二铵20kg/亩之后深耕，翻耕深度25～30cm。

（三）播种

1.播种时间

秋播一般10月上中旬播种较为适宜，不应迟于10月15日。春播3月上中旬播种。

2.播种方式

采用小麦播种机条播，行距12～15cm。播种量为20kg/亩，播种深度为3～4cm。

（四）田间管理

1.越冬期管护

秋播时，如果种植区有灌溉条件（尤其是冬季降雪较少时），须灌一次冻水。

2.中耕除草

次年返青后，生长迅速，竞争优势强，杂草较少，但为避免杂草对小黑麦生长的影响，一旦发现杂草，叶面喷施禾本科草地专用除草剂。用量参照说明书。

3.追肥

返青后追施尿素10～15kg/亩。

（五）轮作模式

在北方农牧交错区和绿洲灌区，甘农2号小黑麦秋播后，次年5月中下旬可收割一茬饲草，刈割后可复种青贮玉米、饲用高粱，形成一年两作，提高单位面积土地利用率。在青藏高寒牧区，秋播甘农2号小黑麦，次年5月中下旬刈割后可复种春性小黑麦（燕麦），与豌豆混播形成一年两作，增加单位面积产量。

四、利用技术

（一）收获

根据利用方式来确定收获时期。青饲时，抽穗期（4月下旬）刈割；调制青干草时，开花期（5月中旬）刈割；调制青贮饲料时，乳熟期（5月底）刈割。青饲和调制干草时，用苜蓿割草机收获，在田间晾晒至水分低于14%时打捆。调制青贮饲料时，用青贮玉米收割机收获、粉碎，裹包青贮或窖贮。为减少田间晾晒时间，为后茬作物腾出生长时间，建议调制青贮饲料。

（二）贮藏加工

草捆需要储存在防雨棚，青贮裹包可露天储藏。

（三）饲喂

小黑麦青贮替代30%青贮玉米饲喂肉牛时，日采食量、料重比和养殖成本最低，经济效益最高。

五、推广应用案例

案例一。甘肃华瑞农业科技有限公司在甘肃省张掖市民乐县种植5 000亩饲用小黑麦复种青贮玉米，形成一年两作饲草模式。种植饲用小黑麦成本724元/亩，青贮产量3t/亩，市场售价600元/t；青贮玉米成本860元/亩，青贮产量4t/亩，市场价500元/t，两茬合计年利润2 216元/亩，与同类土地、同期当地大面积种植的籽粒玉米（纯利润1 200元/亩）相比，纯利润增加1 016元/亩；与青贮玉米（纯利润1 350元/亩）相比，纯利润增加866元/亩；与苜蓿（1 650元/亩）相比，纯利润增加566元/亩。

案例二。泾川县首燕牧业养殖有限公司2023年10月在甘肃省平凉市泾川县种植3 500亩饲用小黑麦复种青贮玉米。种植饲用小黑麦投入成本504元/亩，2024年5月上旬收获，青贮产量2.5t/亩，市场售价600元/t；2024年5月中下旬种植青贮玉米，10月收获，投入成本580元/亩，青贮产量4t/亩，市场售价500元/t，合计两茬年利润2 416元/亩。与当地同类土地、同期大面积种植的籽粒玉米（纯利润1 296元/亩）相比，纯利润增加1 120元/亩；与青贮玉米（纯利润1 450元/亩）相比，纯利润增加966元/亩。

冀饲3号小黑麦 ///////////////////////////////

冀饲3号小黑麦（*Triticale wittmack* 'Jisi No.3'）是河北省农林科学院旱作农业研究所选育的育成品种，耐盐能力强，可在含盐量4‰～5‰的盐碱地正常生长。2018年，全国草品种审定委员会审定通过，登记号552。

一、主要特性

冬性六倍体小黑麦。须根系，株高167cm左右，茎秆较粗壮；叶宽大，叶量丰富，茎叶颜色略显灰绿；千粒重45.21g。抗倒伏。该品种干物质中含粗蛋白9.0%，粗脂肪19.9%，粗纤维24.2%，中性洗涤纤维49.4%，酸性洗涤纤维27.7%。

冀饲3号小黑麦群体

二、适宜种植区域

具有冬春兼容特性，在全国范围内均可种植，适宜在黄淮海地区及类似区域利用秋冬闲田、旱薄盐碱地秋播种植，也可在青海、西藏、内蒙古等地春播种植。

三、种植技术

（一）选地

可选择含盐量5‰以下盐碱荒地、春播作物及果树林地的冬闲田等土地进行种植。

（二）土地整理

精细整地，使地面平整，无土块、石块。结合整地施足基肥。

（三）播种

1.播种时间

黄淮海地区及类似区域10月上旬播种，其他地区9月中旬至10月上旬播种为宜，也可晚播，但最迟在土壤封冻之前完成。春播区播种时间与当地春小麦或燕麦播种期基本一致。

2.播种方式

一般采用小麦播种机播种。以条播为主，行距18～20cm。每亩播种10kg。播种深度控制在3～4cm，播后及时镇压。播前0～20cm土壤含水量黏土以20%为宜、壤土以18%为宜、沙土以15%为宜。

（四）田间管理

1.浇水

越冬前灌冻水一次，确保安全越冬，利于次年早春返青。春季返青期至拔节期依据土壤墒情确定是否需要灌水，也可雨养种植。

2. 杂草和病虫害防治

返青后及时防除杂草。根据虫害发生情况，及时进行虫害防治。蚜虫一般在抽穗期发生危害，防治优先选用植物源农药，可使用0.3%的印楝素6～10ml/亩，或10%的吡虫啉20～30g/亩。刈割前15d内不得使用农药。

3. 施肥

有机肥可在上茬作物收获后施入，并及时深耕。化肥应于播种前结合地块旋耕施用，化肥施用量：氮肥（N）（7～8kg/亩）、磷肥（P_2O_5）（6～9kg/亩）、钾肥（K_2O）（2～2.5kg/亩）。施用有机肥的地块增施腐熟有机肥3～4m^3/亩，实施秸秆还田地块增施化肥2～4kg/亩。

（五）轮作模式

冀饲3号小黑麦为冷季型麦类作物，可利用夏播作物的秋冬闲田、旱薄盐碱、闲散荒地种植，形成"饲用小黑麦+"旱作雨养冬闲田种植模式和中度盐碱地"冀饲3号小黑麦+冀草6号褐色中脉高丹草"复种模式。

"饲用小黑麦+"旱作雨养冬闲田种植模式

四、利用技术

（一）收获

根据利用方式确定收获期。用作青贮建议在乳熟期刈割，用于调制干草建议在抽穗期刈割。留茬高度一般不低于10cm。青贮收获可采用青贮玉米收割机进行，晒制青干草可采用苜蓿干草收获加工机械。

收获青贮

（二）贮藏加工

1.全株做青贮

利用青贮窖直接进行青贮，或为方便运输进行裹包青贮。青贮压实密度700～750t/m³。青贮制作完成后，应定期检查密封度。

2.晒制青干草

采用割台前置的自走式割草压扁机刈割。晾晒1～2d后翻晒1次，当含水量低于35%时用搂草机搂成草垄。大圆草捆和小方草捆的含水量应低于20%，大方草捆的含水量要低于15%，草捆密度大于150kg/m³。

收获干草

（三）饲喂

饲喂肉羊效果好。10%的添加比例能改善湖羊瘤胃发酵性能，对其血浆指标及瘤胃形态无不良影响。在肉羊日粮中添加20%的冀饲3号小黑麦干草替代玉米秸秆，肉羊增重和养殖效益均最高。

五、推广应用案例

河北康宏牧业公司利用旱作雨养种植冀饲3号小黑麦，每亩平均产鲜草1.5～2.0t，全部裹包青贮。饲用小黑麦收获后免耕播种青贮玉米，形成"饲用小黑麦+"旱作雨养冬闲田种植模式。亩投入播种费、种子费、肥料费、收获费、人工费共计375元（不含地租），按每亩产青贮鲜草2吨，500元/t计算，每亩收益1 000元，亩纯收益600元以上。利用冬闲田种植冀饲3号饲用小黑麦，其亩效益就是纯效益。

中饲1048小黑麦 ////////////////////////////////

中饲1048小黑麦（*Triticale wittmack* 'ZhongSi No.1048'）是由中国农业科学院作物科学研究所培育的优质高产六倍体小黑麦品种，可耐受含盐量为3‰～5‰、pH8.5左右的复合盐碱地。2007年，全国草品种审定委员会审定通过，登记号345。

一、主要特性

越年生冬性中晚熟品种。须根系发达，耐旱节水性与耐瘠薄能力突出；茎秆粗壮，抗倒伏能力强，株高150～180cm，分蘖力强，单株有效茎达8个以上；茎叶繁茂，叶量大。年可产青贮2 800～4 000kg/亩、干饲草750～1 100kg/亩、籽粒260～400kg/亩。

该品种扬花期收获青贮粗蛋白含量15.74%，赖氨酸含量0.52%。抗病性强，对白粉病免疫，高抗叶锈病，中抗条锈病。抗寒能力突出，在零下25℃低温环境下可安全越冬，在海拔3 277m的云南省迪庆藏族自治州香格里拉市秋播可实现安全越冬。耐酸、耐盐碱性能突出，在含盐量为3‰～5‰、pH8.5左右的复合盐碱地上可正常生长。

中饲1048穗部性状特征

二、适宜种植区域

在西北的甘肃、宁夏、青海等地的干旱半干旱雨养区，含盐量为3‰～5‰、pH8.5左右的复合盐碱地上均可种植，在南方地区可以利用冬闲田进行饲草料的生产。

三、种植技术

（一）选地

小黑麦适应性强，对土壤要求不是很严格，但地势平坦、水肥条件较好的地块有利于提高其产量。

（二）土地整理

秸秆还田地块须深耕，旋耕地块须耙实，连年旋耕地块必须隔年深耕30～50cm，深耕与细耙相结合，以达到地面平整，土壤细碎，上虚下实。

（三）播种

1.播种日期

可参考当地小麦种植时间，在当地日平均气温12～15℃时播种为宜。江南地区适宜播期为10月下旬至11月中旬；黄淮海地区适宜播期为9月下旬至10月下旬；新疆南疆适宜播期为9月下旬至10月中旬，北疆宜在9月上旬至10月初播种。

2.播种量

适宜播量一般为当地小麦用种量的一半左右。江南地区宜4～5kg/亩；黄淮海地区宜6～8kg/亩；新疆南疆地区宜8～12kg/亩，北疆地区宜10～15kg/亩。早播、墒情好的地块播种量适当减少，晚播、土地贫瘠或盐碱板结严重地块适当增加用种量，饲草生产田一般保持30万～40

万株/亩。

（四）田间管理

1.灌水

提倡足墒播种，注重灌溉越冬水和返青水，根据土壤墒情酌情浇灌拔节水和灌浆水。

2.施肥

小黑麦饲草生产全生育期需氮肥约16kg/亩、磷肥约7kg/亩，田间施肥应根据土壤肥力水平加以调整。饲草田施肥以氮肥为主，留种田需氮、磷、钾肥配合施用。

3.杂草防除

可参照冬小麦田间管理，适时化控除草。

（五）轮作模式

1.小黑麦–甜高粱轮作模式

中度盐碱地和新垦地，一般采用小黑麦–甜高粱轮作模式，一年两季，比只种甜高粱的土地改良速度提升1.7倍。

2.小黑麦–青贮玉米轮作模式

在能够种植玉米的轻度盐碱地，推行小黑麦–青贮玉米轮作模式，在不影响青贮玉米产量的基础上，每亩可以增加3～4吨小黑麦青饲产量。

3.小黑麦–土豆／打瓜轮作模式

在新疆北疆塔城地区，利用冬闲田，将中饲1048小黑麦与土豆、打瓜等当地存在一定重茬障碍的作物进行轮作。

四、利用技术

1.青饲放牧

冬前小黑麦分蘖繁茂，可放牧牛羊。来年返青后，在分蘖期至孕穗期可刈割优质青饲1～2次（蛋白质含量达17%～

19%，富含维生素），饲喂牛、羊、兔、鹅、鱼等，提高繁殖率和产肉量。

2. 加工草粉

在分蘖期至孕穗期收割的青饲，如果饲喂有余，可经快速高温烘干，制成优质草粉（蛋白质含量19%以上），作为绿色高蛋白添加饲料。

3. 晒制青干草

抽穗期至扬花期7～10d内，可根据下一季作物种植茬口，刈割晒制青干草（一般蛋白质含量达13%～18%）。北方地区刈割时，留茬10～15cm，全株割倒，原地晾晒1～3d。无法直接将含水量晾晒至15%以下的地区，及时利用搂草机将草堆翻晒3～4d，待饲草含水量达到要求后，用打捆机打捆备用。

4. 青贮

扬花期后7～10d，当植株含水量降至70%时，可用玉米青贮收割机进行收获，用切草机切成3～4cm的草段，直接青贮或裹包青贮，厌氧发酵40d后可饲喂牛羊。饲喂优质小黑麦青贮比饲喂大麦青贮可提高产奶量1kg/头·日，乳脂率和蛋白达到优质奶标准。

5. 制作粗饲料

种子收获后，将秸秆粉碎制作粗饲料（蛋白质含量达7%～8%，相当于一般秸秆氨化）。

五、推广应用案例

案例一。新疆麦生道生物技术有限公司与当地土豆种植大户合作，在北疆塔城地区种羊场种植中饲1048小黑麦品种2 000亩。2023年9月中旬播种，2024年5月15日收获青贮，产量达3t/亩。种羊场除了承担种植投入成本外，还额外支付土豆种植大户300～400元/亩的种植管理费（相当于全年土地承包费）。种羊场以综合成本不足200元/t的支出得到蛋白质含量高达13%～15%的优质小黑麦青贮饲料；土豆种植大户利用冬闲田完成倒茬，还提前摊销了全年的地租成本，增加300～400元/亩的收益，部分农户还获得了当地150元/亩的轮作补贴，全年增收450～550元/亩。

案例二。在新疆南疆阿克苏地区，种植大户与当地奶牛场签订"小黑麦干草+青贮玉米"种植订单，在轻度盐碱地种植中饲1048小黑麦1000余亩，2023年10月中旬播种，2024年5月上旬收获青干草，产量达900kg/亩。接着种植青贮玉米，9月下旬收获，产量达5吨/亩。全年两季收入4350元/亩，全年利润1350元/亩，与当地种植棉花利润相当，甚至略高。同时单季种植投入低，资金周转率高，投资风险较低。从种到收全程机械化，人工成本低，种植团队可管理的种植规模较棉花可扩大5～10倍，管理成本摊销降低。

北京顺义返青期田间表现

新疆喀什耐盐碱节水高产栽培
试验示范田

新疆昌吉耐盐碱节水丰产栽培
试验示范田

甘肃通渭耐寒耐旱丰产栽培
试验示范田

川农1号多花黑麦草 ///////////////////////////////

川农1号多花黑麦草（*Lolium multiflorum* Lamk.'Chuannong No.1'）是由四川农业大学等单位通过对杂交后代进行多次连续混合选育而成的多花黑麦草，具有高产、优质、耐盐碱等特性，可在含盐量3‰～5‰的滨海盐碱地生长。2016年，全国草品种审定委员会审定通过，登记号508。

一、主要特性

一年生疏丛型草本植物。根系发达致密，分蘖较多；茎秆粗壮，约0.53～0.62cm，高160～180cm；花序长37～53cm，具小穗22～46个；颖质较硬，长5～8mm；外稃较薄，披针形，具5脉，内稃与外稃等长，约6mm，芒长4.5～11mm；颖果长圆形，种子千粒重2.7～3.8g。

生育期250～260d。该品种冬春生长速度快，分蘖多，第一茬草增产高达20%。在滨海盐碱地（含盐量3‰～5‰）亩产种子100～120kg。第一茬草粗蛋白含量17.1%，可溶性糖含量41%。草质柔嫩，叶量丰富，适口性好，畜禽喜食。

二、适宜种植区域

适宜生长在长江流域及其以南的丘陵、平坝和山地温暖湿润地区。可在pH为5～8的土壤中种植。

三、种植技术

（一）选地

对土壤要求不高，在排水较好的肥沃壤土或黏土中生长较好，可在pH为5～8的土壤中生长。

（二）土地整理

播种前喷施灭生性除草剂，除去种植地中的所有杂草。一周后，深翻土地，深度不小于20cm。精细整地，使土地平整，土壤细碎。为保持良好的土壤墒情，在降水量过多的地区，应根据当地降水量开设适宜大小的排水沟，便于雨后排水。

（三）播种

长江中上游亚热带地区一般为秋播，在寒温地区宜春播，温凉地区可春播也可秋播。根据当年的气候条件和具体情况，以9月中旬至10月中旬播种为宜。

种子细小，窄行条播为宜，也可撒播。条播行距25～30cm，播幅5～10cm，播种深度1～2cm。条播播种量为1.2～1.5kg/亩，撒播为2～2.5kg/亩，具体视种子质量、整地精粗、土壤肥力、气候条件而定。

粮草轮作时，水稻或玉米收割后犁田，深耕碎土，除尽杂草，按幅宽2～2.5m开厢（起畦），步道宽25～35cm，沟深30～35cm。一般按每亩500kg农家肥（沼肥）或40kg钙镁磷肥的标准施足基肥。

（四）田间管理

1. 排灌水

喜湿怕浸，要及时排水灌水，防干旱或水浸。

2. 施肥

在施足基肥后，分别在多花黑麦草三叶期、分蘖期、拔节期按每亩12.5kg尿素的40%、45%、15%的比例作追肥。每次割草2～3d后，亩施4.7～6.7kg尿素，兑腐熟的清粪水施用，以利再生草快速生长。但刈割后不要马上施肥，以免灼伤草头，引起腐烂。每次追肥后都要灌溉，以利养分吸收，避免肥害。

3. 刈割

当气温低于5℃时，进入休眠越冬，应在进入越冬前15d停止刈割，以利越冬。为了不影响春播玉米或早稻禾苗的生长，应在玉米播种前或水稻插秧前犁翻草茬，并放水沤田。

（五）轮作模式

多花黑麦草可与青贮玉米、高丹草/饲用高粱进行轮作，形成青贮玉米/高丹草-多花黑麦草轮作种养循环模式，即4月初播种青贮玉米（生育期100～110d），随后种植高丹草或饲用高粱（8—9月收草1次）；在9月底至10月初播种多花黑麦草，并在12月至次年3月割草3～4次。

四、利用技术

（一）收获

当黑麦草株高长到40～60cm时，开始刈割第1茬青草，以后每隔30d左右刈割一次，每次割草的留茬高度应在3～5cm，以利再生。

（二）贮藏加工

可调制成青干草。一般可在开花期选择连续3d以上的晴天刈割，割下就地摊成薄层晾晒，晒至含水量在14%以下时堆成垛保存。作青贮料时，应在抽穗期至开花期刈割，当含水量降至65%～75%时，将草装入窖中。如果多花黑麦草含水量超过75%，则应添加玉米面、小麦秸秆等混合青贮，或通过晾晒等方法，降低其含水量后再青贮。

（三）饲喂

青饲效果较好。饲喂牛、羊可采取直接投喂或切段饲喂的方式；如果用于饲喂猪、兔、家禽和鱼，可切碎或打浆拌料饲喂。

五、推广应用案例

四川省眉山市洪雅县瑞志种植专业合作社为国家级示范社，流转土地3 000亩进行青贮玉米（高丹草）–黑麦草轮作。合作社联合现代牧场和1 000余户农户，采用"大型企业＋合作社＋农户"模式，发展种草养畜。利用蒙牛现代牧场的沼液进行灌溉，实现种养循环。

多花黑麦草每年9月中旬至10月初播种，每年刈割3次，因沼液肥料充足，黑麦草鲜草产量可达8 ～ 10t/亩。青贮玉米4月中旬播种，每亩产量3t。该模式全年饲草鲜草产量较传统增产15%，每年每亩消纳沼液40t，沼液消纳能力提升33%，实现了"草—畜—乳"产业化和"畜—沼—草"生态循环立体发展，形成了以洪雅为代表的奶业产业化示范带。

长江2号多花黑麦草 ////////////////////////////////

长江2号多花黑麦草（*Lolium multiflorum* Lamk. 'Changjiang No. 2'）是四川农业大学选育而成的新品种，具高产、优质、耐盐碱等特性，可在含盐量3‰～5‰的滨海盐碱地生长。2004年，全国草品种审定委员会审定通过，登记号287。

一、主要特性

一年生禾本科草本植物。根系发达致密，分蘖多；茎秆粗壮，直径0.4～0.6cm，圆形，高可达165～180cm；叶片长35～45cm，宽1.5～2.0cm，叶色较深，叶量大；花序长35～50cm，每穗小穗数可多至42个，每小穗有小花16～21朵，芒长5～10mm；种子千粒重2.5～3.5g。

生育期229～236d，再生力强，抽穗、成熟整齐一致。耐瘠、耐酸、耐盐，抗病性强，适应性广，各种土壤均可种植，在江苏盐城滨海盐碱地（含盐量3‰～5‰）亩产种子100～120kg。第一茬草粗蛋白含量16.17%，适口性好。

二、适宜种植区域

适宜于南方地区降水量800～1 500mm和海拔400～1 500m的区域种植，生长适宜温度为10～18℃，生长临界温度为零下2℃和26℃。

三、种植技术

（一）选地

多花黑麦草对土壤要求不高，在排水较好的肥沃壤土或黏土生长较好，可在pH为5～9的土壤中生长。

（二）土地整理

播种前喷施灭生性除草剂，除去种植地中的所有杂草。一周后，深翻土地，翻耕深度不小于20cm。精细整地，使土地平整，土壤细碎。为保持良好的土壤墒情，在降水量过多的地区，应根据当地降水量开设适宜大小的排水沟，便于雨后排水。

（三）播种

多花黑麦草在长江中上游亚热带地区一般为秋播，在寒温地区宜春播，温凉地区可春播也可秋播。根据当年的气候条件和具体情况，以9月中旬至10月中旬播种为宜。

粮草轮作时，水稻或玉米收割后犁田、深耕、碎土，除尽杂草，按幅宽2～2.5m开厢（起畦），步道宽25～35cm，沟深30～35cm。一般按每亩500kg农家肥（沼肥）或40kg钙镁磷肥的标准施足基肥。

多花黑麦草种子细小，窄行条播为宜，也可撒播，条播行距25～30cm，播幅5～10cm，播种深度1～2cm。条播播种量为1.2～1.5kg/亩，撒播为2～2.5kg/亩，具体视种子质量、整地精粗、土壤肥力、气候条件而定。

（四）田间管理

黑麦草喜湿怕浸，要及时排水灌水，防干旱或水浸。在施足基肥时，分别在多花黑麦草三叶期、分蘖期、拔节期按每亩12.5kg尿素的40%、45%、15%的比例作追肥。每次割草

2～3d后，每亩施4.7～6.7kg尿素，兑腐熟的清粪水施用，以利再生草快速生长。刈割后不要马上施肥，以免灼伤草头，引起腐烂。每次追肥后都要进行灌溉，以利养分吸收，避免肥害。

当气温低于5℃时，进入休眠越冬，应在进入越冬前15天停止刈割，以利越冬。为了不影响春播玉米或早稻禾苗的生长，应在玉米播种前或水稻插秧前犁翻草茬，并放水沤田。

（五）轮作模式

多花黑麦草可与青贮玉米、高丹草/饲用高粱进行轮作，形成青贮玉米/高丹草-多花黑麦草轮作种养循环模式，即4月初播种青贮玉米（生育期100～110d），随后种植高丹草或饲用高粱（8—9月收草1次）；在9月底至10月初播种多花黑麦草，并在12月至次年3月割草3～4次。

四、利用技术

（一）收获

当黑麦草株高长到40～60cm左右时，开始刈割第一次青草，以后每隔30d左右刈割一次，每次割草的留茬高度应在3～5cm，以利再生。

（二）贮藏加工

多花黑麦草可调制成优良青干草。一般可在开花期选择连续3d以上的晴天刈割，割下就地摊成薄层晾晒，晒至含水量在14%以下时堆成垛保存。作青贮饲料时，应在抽穗期至开花期刈割，当含水量降至65%～75%时，装入窖中。如果多花黑麦草含水量超过75%，则应添加玉米面、小麦秸秆等混合青贮，或通过晾晒等方法，降低其含水量后再青贮。

（三）饲喂

多花黑麦草的青饲效果较好，饲喂牛、羊时，可采取直接投喂或切段饲喂的方式。如果用于饲喂猪、兔、家禽和鱼，可切碎或打浆拌料饲喂。

五、推广应用案例

四川省眉山市洪雅县瑞志种植专业合作社流转土地3 000亩进行青贮玉米（高丹草）–黑麦草轮作，利用蒙牛现代牧场的沼液进行灌溉，实现种养循环。多花黑麦草每年9月中旬至10月初播种，每年刈割3次。因沼液肥料充足，黑麦草鲜草产量可达8～10t/亩。青贮玉米4月中旬播种，每亩产量3t。

该模式下全年饲草鲜草产量较传统增产15%，每亩消纳沼液40t/年，沼液消纳能力提升33%，实现了"草—畜—乳"产业化和"畜—沼—草"生态循环立休发展。

川苏1号苏丹草 ////////////////////////////////////

川苏1号苏丹草 [*Sorghum sudanense* (Piper) Stapf 'Chuansu No.1'] 是由四川省农业科学院农业资源与环境研究所选育的新品种。可耐受土壤含盐量4‰～10‰、pH为6～8.5的盐碱环境。2022年，全国草品种审定委员会审定通过，登记号628。

一、主要特性

一年生高大型禾草。株型紧凑，株高可达3.5m，须根粗壮，茎节长10～15cm，无根状茎和匍匐茎；叶片线形或线状披针形，长45～60cm，宽2.5～4cm；属于异花授粉植物，种子产量为175kg/亩。喜温暖气候，对土壤要求不严，可在弱酸、弱碱和轻度盐渍土壤中生长。

川苏1号苏丹草群体

二、适宜种植区域

该品种喜温暖气候，对土壤要求不严，具有较强耐旱性，耐瘠薄土地，可在弱酸、弱碱和轻度盐渍土壤中生长。在干旱半干旱、海拔3 000m以下地区均能正常生长。

三、种植技术

（一）选地

选择地势平坦、耕层深厚、土质肥沃、土壤肥力中等以上、保水保肥性能好、有灌溉条件的地块。

（二）土地整理

整地。整地要细平，并清除所有杂草；翻耕深度为15 ～ 25cm，耕后耙平。

基肥。施入优质腐熟农家肥1 500 ～ 2 000kg/亩或复合肥30 ～ 40kg/亩。

机械翻耕。采用机械翻耕，翻耕深度为25 ～ 30cm，耕后耙平，土块尽量细碎。

（三）播种

一般3月中旬至4月中旬，地温稳定在10℃以上即可进行春播。

播种量。选择籽粒饱满，千粒重10g左右的种子，发芽率85%以上。播种量为2 ～ 2.5kg/亩；在高海拔地区与豆科牧草（紫云英、光叶紫花苕等）混播或间作时，苏丹草与豆科牧草比例为1：2或1：3。

播种方式。一般采用条播、撒播或者点播，条播行距30cm，点播穴距25cm，播深3 ～ 4cm；覆土深度1 ～ 2cm。土壤湿润也可以不覆盖。

在南方地区春夏播均可。春播条件下，抽穗初期或株高100cm左右时刈割，全年可刈割4～5次，一般亩产鲜草5 000～8 000kg；与黑麦草轮作时夏播（6月上旬左右），株高150cm左右时刈割，全年可刈割2～3次。全株粗蛋白含量10%以上；氢氰酸含量小于20mg/kg；适口性好、饲用品质优，适宜青饲、青贮。

（四）田间管理

苗期生长缓慢，应及时中耕杂草；拔节期一次追施尿素5kg/亩作为提苗肥，每次刈割利用后施尿素5kg/亩；在特别干旱的地区，有灌溉条件的地方应适时适量灌溉。

一般无病虫害，但在干旱少雨、气温较高的地区早春注意防条螟，可用50%倍硫磷乳油，稀释500～800倍，喷施叶面；防治锈病可用80%代森锌，稀释400～600倍，喷施叶面。

四、利用技术

苏丹草营养价值高，适口性很好，消化率高，饲喂效果佳。在四川主要利用方式为鲜饲，一般株高1m或孕穗期刈割，留茬8～10cm。30d左右刈割一次，每次刈割后留茬比上次高1～2cm。饲草适宜饲喂牛、羊、马等各种草食家畜，也适宜饲喂草鱼、鳊鱼等草食鱼类。

青贮。苏丹草青贮可解决牧草供需上出现的季节不平衡和地域不平衡问题，同时也可解决盛产期雨季不宜调制干草的困难。青贮可在孕穗期至抽穗期刈割，与豆科饲草混合青贮；也可在初花期刈割后晾晒于田间，苏丹草含水量降到60%～70%时，进行青贮。发酵良好的青贮苏丹草，具有浓厚的醇甜水果香味，是最佳的冬季饲料。

干草。在抽穗至开花期刈割，可采用日晒为主要手段调制干草，晾晒至鲜草含水量在18%以下时，即可收回堆垛，作为青干草备用。或以烘干为主要手段，人为控制调制环境，干草质量高，养分损失少。

五、推广应用案例

案例一。川苏1号苏丹草在海南陵水大面积试种效果良好。海南陵水试验地土壤含盐量10‰，川苏1号苏丹草单茬鲜草亩产2.9t，当季收获2次，总鲜草亩产5～7t。

案例二。山东东营位于黄河三角洲的核心区域，属于滨海盐碱地类型，地下水矿化度高，土壤盐分重，受海潮影响大，是世界利用难度最大的三角洲型盐碱地之一。山东省东营市农高区土壤pH为8.3，含盐量5‰，川苏1号苏丹草单茬鲜草产量亩产2.6t，当季收获2次，总鲜草亩产5～7t。

川苏1号苏丹草在山东生产试验田生长情况

蜀草1号高粱－苏丹草杂交种 ////////////////

蜀草1号高粱－苏丹草杂交种［*Sorghum bicolor × Sorghum. sudanense*（F_1）'Shucao No.1'］（以下简称"苏丹草"）是四川省农业科学院农业资源与环境研究所（原四川省农业科学院土壤肥料研究所）、四川省农业科学院水稻高粱研究所选育的新品种。在滨海盐碱区生长良好，可耐受含盐量6‰～15‰、pH为6～8.5的土壤。2018年，全国草品种审定委员会审定通过，登记号551。

一、主要特性

高粱与苏丹草的远缘杂交种，属于禾本科一年生草本植物。芽鞘、幼苗绿色，植株高大紧凑，株高可达3.5m；须根粗壮，无根状茎和匍匐茎，茎节长12～16cm，茎秆较粗壮，多汁；叶片线形或线状披针形，长50～65cm，宽3.5～5cm，中脉粗，在背面隆起，两面无毛叶量丰富；纺锤形穗，中散型穗型，穗长29cm；异花授粉植物，种子为白色，种子产量为190～400kg/亩，千粒重25.83～26.64g。

在南方地区春夏均可播种。春播条件下，抽穗初期或株高150cm左右时刈割，全年可刈割4～5次，一般亩产鲜草8 000～11 000kg；与黑麦草轮作时夏播（6月上旬左右），株高200cm左右时刈割，全年可刈割2次，每茬鲜草亩产可达3 500kg。全株粗蛋白含量10%以上；适口性好，适宜青饲或青贮；抗旱耐热性好，抗叶锈病、抗倒伏能力强；在四川地区生育期127d，在海南等地生育期109d。

蜀草1号高丹草单株和茎秆特写

二、适宜种植区域

高丹草在海拔3 000m以下的地区均能很好地生长，作为我国南方粮改饲优选草种，现已在长江以南广大省区大面积栽培推广，主要在丘陵、山区、陡坡地、土壤瘠薄地、河滩地、库周消落带及撂荒地等区域种植。对土壤的要求不高，耐盐碱，沙土、沙壤土、壤土均能很好地生长。

三、种植技术

（一）选地

选择地势平坦、耕层深厚、土质肥沃、土壤肥力中等以上、保水保肥性能好、有灌溉条件的地块。

（二）土地整理

整地。整地要细平，并清除所有杂草；翻耕深度为15～25cm，耕后耙平。

基肥。施入优质腐熟农家肥1 500～2 000kg/亩或复合肥30～40kg/亩。

机械翻耕。采用机械翻耕，翻耕深度为25～30cm，耕后耙平，土块尽量细碎。

（三）播种

种子处理。在播种前选择晴天将种子摊在干燥向阳的晒坝上，连续晒2～3d，或者在播种前用冷水浸种12小时或用55～57℃温水浸种4～6小时，以提早出苗。

播种时间。低海拔地区（1 500m以下）一般3月中旬至5月中旬春播；高海拔地区（1 500m以上）一般5月份左右播种。地温稳定在10℃以上即可播种。

播种量。选择籽粒饱满，千粒重26g左右的种子，发芽率85%以上。播种量为1.5～2kg/亩；与豆科牧草（紫云英、光叶紫花苕等）混播时，高丹草与豆科牧草比例为1∶2或1∶3。

播种方式。一般采用条播、撒播或者点播，条播行距30cm，点播穴距25cm；播深3～4cm；覆土深度1～2cm。

（四）田间管理

苗期生长缓慢，应及时中耕除草；拔节期一次追施尿素5kg/亩作为提苗肥，每次刈割利用后施尿素5kg/亩；有灌溉条件的地方应适时适量灌溉。

一般无病虫害，但在干旱少雨、气温较高的地区早春注意防条螟，可用50%倍硫磷乳油，稀释500～800倍，喷施叶面；防治锈病可用80%代森锌，稀释400～600倍，喷施叶面。

四、利用技术

青饲。一般株高1.5m或孕穗期刈割，留茬8～12cm。

30d左右刈割一次，每次刈割后留茬比上次高1～2cm。

青贮。在孕穗期至抽穗期刈割，与豆科饲草混合青贮；也可在初花期刈割后，晾晒于田间，含水量降到55%左右时，进行半干青贮。

干草。在抽穗期至开花期刈割，可采用日晒为主要手段调制干草，晾晒至鲜草水分含量在18%以下时，即可收回堆垛，作为青干草备用。或以烘干为主要手段，人为控制调制环境，干草质量高，养分损失少。

五、推广应用案例

案例一。蜀草1号高丹草在海南陵水大面积试种，试验地土壤含盐量10‰，蜀草1号高丹草单茬鲜草亩产3.9t，当季收获2～3次，亩产鲜草7～9t。

蜀草1号高丹草海南制种田

案例二。山东东营位于黄河三角洲核心区域，属于滨海盐碱地类型，地下水矿化度高，土壤盐分重，受海潮影响大，是世界利用难度最大的三角洲型盐碱地之一。蜀草1号高丹草种植区域在山东省东营市农高区，该地区土壤pH 8.3，含盐量5‰。蜀草1号高丹草单茬鲜草亩产2.9t，当季收获2～3次，亩产鲜草5～7t。

山东蜀草1号生产试验田

苏牧3号苏丹草-拟高粱杂交种 ///////////////

苏牧3号苏丹草-拟高粱杂交种（*Sorghum sudanense* × *Sooghum propinquum* 'Sumu No.3'）是江苏省农业科学院畜牧研究所育成的国内首个高粱属多年生杂交品种，在氯化钠盐碱、苏打盐碱和复合盐碱地生长良好，生物产量高、饲用品质好，盐碱地改良效果显著。2020年，全国草品种审定委员会审定通过，登记号599。

一、主要特性

禾本科高粱属多年生草本。根系发达，有根状茎，茎秆直立，茎粗约17mm，抽穗期株高340～360cm；叶片长披针形，长80～125cm，宽4.5～5.5cm，叶色深绿，叶脉淡黄色，叶柄具沟槽；圆锥花序，穗长35～52cm，小花粉紫色；种子椭圆形，一面偏平，棕红色至黑色，千粒重2.4～2.7g，种子成熟时易落粒。

耐寒性强，在年最低温度零下11℃时可自然越冬，第二年春季气温达15℃以上时返青，生育期144～205d。再生性强，可刈割3～5次/年。平均干草产量840～1 400kg/亩，与苏丹草相比，种植当年草产量与新苏3号苏丹草无显著差异，自然返青当年草产量提高15%～54%。叶斑病抗性提高1～2级。

耐酸耐碱，能在pH为5～9的土壤中生长；在含盐量4‰～6‰的氯化钠盐碱、苏打盐碱和复合盐碱地生长良好，干草产量可达800～1 400kg/亩，连续种植2～3年，土壤含盐量可降至3‰以下。

营养品质高，适口性好，拔节期、株高250cm左右时，其干物质中粗蛋白8.3%～14.1%、粗灰分8.4%～10.4%、粗脂肪1.9%～3.0%、中性洗涤纤维63.2%～67.2%、酸性洗涤纤维38.8%～40.7%。

二、适宜种植区域

苏牧3号在≥10℃有效积温1 100℃以上、有灌溉条件的地区均可种植，适宜在最低气温零下11℃以上地区作为多年生牧草种植，在其他适于苏丹草种植的地区均可作为一年生牧草种植。对土壤要求不高，在含盐量4‰～6‰的多种类型的盐碱地均能生长，在轻度或无盐碱胁迫的土壤中生长表现更佳，特别适宜于在多肥有灌溉的条件下种植。

三、种植技术

（一）选地

生态适应性广，对土壤条件要求不高，在土壤含盐量≤6‰、pH为5～9的氯化钠盐碱地、苏打盐碱地和复合盐碱地均能生长。

（二）土地整理

种植前需清除石块等较大杂物和杂草，并可用灭生性除草剂除杂草。深翻旋耕，耕深一般为25～30cm，根据当地耕作层深浅适当增减。对有芦苇等宿根性杂草的盐碱地，需进行2～3次深翻耕和碎根处理，再根据杂草类型选用适宜的除草剂，施基肥氮磷钾复合肥（15∶15∶15）30～40kg/亩后再次旋耕并精细平整土地。作畦，开排灌沟，以方便灌溉排水，如果土地不平整，可能导致后续田间低洼地积水，容易僵苗不发，在中后期遇到连续阴雨天，排水不畅极易产生渍害。

（三）育苗和移栽

1. 育苗

苏牧3号种子小、出苗慢，盐碱地种植时适宜育苗移栽或茎节移栽。当春季气温稳定在10℃左右时即可移栽。

2. 苗床准备

苗床土壤应具有较好的肥力，灌排方便。深耕，除去杂草，精细整地，做畦，畦宽1～1.5m。

3. 播种时间及方法

长江中下游地区于3月底播种，每亩苗床播种0.5～0.6kg，采用稀条播，行距15～18cm，播种后设置小棚，用薄膜覆盖保温保湿。

4. 苗床温度

苗床温度控制在20～25℃，播种后要保持土壤湿度，以保证全苗。幼苗生长到6～7片真叶时，即可向大田移栽。

5. 移栽

茎节移栽时，取越冬保藏种茎或种苗地的种茎，一般在每个节间切开，避免伤害茎节处的腋芽，节上端切平口，距节2～3cm，节下端切斜口，距节5～8cm，茎节斜口向下移栽。

6. 种植

幼苗或茎节移栽时一穴一株，株行距为20～30cm×30～40cm，土壤盐浓度高时适当密栽。移栽后15d内，保持土壤湿润，并进行查苗补栽。覆膜移栽有利于保温保湿、降低蒸发、减少返盐，提高移栽存活率。

（四）田间管理

1.灌溉与排水

全生育期全年需水量300～400m³/亩，一般情况下降水量丰富的地区，仅移栽期需要人工灌溉。不同地区不同年份应根据土壤墒情适当灌溉。多雨天气应及时检查排水沟，避免积水。

2.除草

幼苗期杂草生长至3～5cm时进行一次人工中耕除草，后期遵循除早除小原则，适期除草。阔叶杂草可用20%使它隆乳油90～100ml/亩加水30L均匀喷施。

3.施肥

耕翻前或返青期施复合肥（氮：磷：钾=15：15：15）30～40kg/亩；苗高10～15cm时，追施尿素一次，施用量10kg/亩，促进分蘖和壮苗；刈割后追施尿素10～15kg/亩。

4.病虫害防治

定期进行田间查看，虫害主要为蚜虫、黏虫、螟虫，可用吡蚜酮按说明书进行喷洒防治。从施药到收割利用要有足够安全间隔期。

四、利用技术

（一）收获

1.收草

种植当年可刈割2～3次，自然越冬返青第2年开始可刈割3～5次。株高≥1.5m时刈割后再生性好，留茬高度8～10cm为宜。

2.收种

主茎穗和分枝穗种子成熟期不一致，种子成熟时易落粒，繁种时注意分次收获。

（二）贮藏加工

1.调制青贮

切割粉碎后原料含水量保持在65% ～ 75%时制作青贮发酵效果好。

2.调制干草

干燥时间对干草品质影响大，将鲜草茎秆压扁后晒干，可以缩短干燥时间，减少阳光照射和淋湿等不利因素造成的营养物质损失，有效提高干草品质。压扁晒干效果优于自然晒干或阴干。

（三）饲喂

苏牧3号是草食畜禽的优质青饲料，营养价值高、适口性好，株高150 ～ 200cm，茎叶无苦味时即可刈割饲喂畜禽，切割成1 ～ 3cm小段饲喂效果更佳。苏牧3号属高粱属牧草，株高低于1.2m左右时，茎叶中含有一定量的氰苷，一般不致引起家畜中毒，但要注意当茎叶有苦味时不宜直接饲喂，露水或雨水淋湿的湿草亦不宜直接饲喂，以免引起家畜中毒。

五、推广应用案例

江苏省农业科学院畜牧研究所与南通佳华生态农业科技有限公司、南京易周能源科技有限公司合作，结合耐盐、促生长动植物益生菌——巨大芽孢杆菌BM18-2［登记证号：微生物肥（2023）准字（12645）号］，在江苏省南通市如东县和盐城市东台市中重度盐碱地（盐浓度4‰～ 6.6‰）进行苏牧3号–巨大芽孢杆菌共生体种植示范40亩左右。

连续种植苏牧3号，土壤全盐含量和电导率显著下降，地力提升效果显著。3年内，含盐量6.6‰的盐碱地土壤含盐量

≤3‰，土壤电导率降至527μs/cm，土壤有机质、全磷、有效磷和碱解氮含量分别增加至6.91g/kg、0.726g/kg、12.65mg/kg和47.96mg/kg，达到旱地农作物正常生长的要求。

多年生苏牧3号人工草地建植成本2 990元/亩（清除杂草80元/亩、土地平整150元/亩、土壤旋耕100元/亩、大田开沟100元/亩、播种或移栽苗400元/亩、复合肥50元/亩、有机肥800元/亩、除杂草或覆膜400元/亩、菌肥+改良剂260元/亩、大田灌溉排水120元/亩、机械化收割80元/亩、裹包青贮150元/亩、田间管理300元/亩）。种植第一年，平均鲜草产量为4 524kg/亩（折合干草产量为1 372kg/亩），鲜草价格按0.3元/kg计算，销售收入1 357元/亩。种植第二年成本下降至960元/亩（含施肥310元/亩、灌排120元/亩、收获80元/亩、裹包青贮150元/亩、田间管理300元/亩），平均鲜草产量提高至6 000kg/亩左右，产值为1 800元/亩，利润840元/亩。

中科1号羊草 ///////////////////////////////////////

中科 1 号羊草［*Leymus chinensis*（Trin.）Tzvel.'Zhongke No.1'］是中国科学院植物研究所选育的羊草品种，适宜在我国北方地区种植，可耐受含盐量为3‰～5‰、pH为7.0～9.6的土壤。2014年，全国草品种审定委员会审定通过，登记号471。

一、主要特性

禾本科羊草属多年生草本植物。具有发达的地下横走根茎，茎秆绿色，叶片灰绿色，株高90～110cm。耐盐碱型品种，在含盐量为3‰～5‰的盐碱地上种植，雨养条件下干草产量可达9～10t/hm²。该品种返青期粗蛋白含量20%左右、花期粗蛋白含量15%左右、成熟期粗蛋白含量12%左右，营养丰富，适口性好，是马、牛、羊等家畜的优质饲草。

二、适宜种植区域

适于北方中度盐碱地种植。

三、种植技术

（一）选地

我国北方降水量300mm以上地区，中度盐碱地，退化、沙化草地均可种植。

（二）土地整理

羊草播种前进行深翻除杂草，施底肥，翻耕、旋耕、耙平保墒。翻耕深度25cm，旋耕深度15cm，耙平镇压两遍。草原免耕补播，不用进行土地整理。

（三）播种

1.播种时间

春季到秋季均可播种。

2.播种方式

多采用条播，行距20～30cm，播种量2～4kg/亩。

3.播种深度

播种深度为1～2cm。

4.播后镇压

缺水地块播种后需要灌水，种子萌发前保持土壤相对含水量75%左右，种子萌发后注意保墒。

5.种肥

底肥施有机肥，施用量为50kg/亩。

（四）田间管理

1.苗期管理

羊草播种后至幼苗3叶期保证土壤墒情，避免幼苗干旱死亡。播种当年，杂草较多时可以刈割清除，留茬高度5～10cm。播种当年严禁放牧。

2.施肥管理

返青期施用氮磷钾复合肥200～300kg/hm^2、尿素100～120kg/hm^2，施肥后立刻灌返青水。羊草种子收获后收割饲草，饲草收割后追加尿素120～180kg/hm^2，施肥后立刻灌水。

3.灌水管理

冬季霜降前灌冻水，提高羊草越冬率。灌水羊草较耐旱，降水量400mm以上地区可利用降水完成播种萌发，无须灌溉，但在干旱半干旱地区要根据土壤湿度补充灌溉，年均灌水量 1 500 ～ 2 000m³/hm²。

四、利用技术

（一）收获

种子进入蜡熟期后即可开始收获，采用改装的小麦收割机，将割台高度调整到营养枝高度以上，单独收割种子并存储脱粒。采用自然干燥法风干，利于种子后熟。种子摊放厚度以 3 ～ 5cm 为宜。

（二）贮藏加工

种子脱粒后进行粗选、清选、包衣、存储。种子储藏室须保持通风、干燥、低温。贮藏期间需要防火灾、防虫害鼠害，定期对库房空气湿度及安全进行检测。

（三）干草饲喂

中科1号羊草每年返青期粗蛋白含量最高，随着生长发育，粗蛋白含量逐渐降低，种子成熟期粗蛋白含量在12%左右。种子收获后可收割剩余饲草，就地晾晒1 ～ 3d，打捆销售或饲喂牲畜。第二茬草可作为秋季抓膘草直接放牧供牲畜自由采食，或长至70cm左右后刈割、晾晒后打捆。

五、推广应用案例

内蒙古通辽市小街基镇退化草原的盐碱地在种植中科1号后发现，核心区在种植羊草3年后土壤pH由9.5下降到8.8，含盐量显著降低，土壤水源涵养能力明显改善，种植羊草地面与无草皮地面相比，地面径流量可减少40%以上，区域水土保持作用明显。目前，盐碱地种植的中科1号羊草可实现年产草种20 ～ 26kg/亩，两茬收获干草亩产433 ～ 600kg。盐碱地种植中科1号具有生态治理与饲草兼用的功能。中科1号羊草种植第一年需支付种子费用，在科学管理维护下，每4年进行切根处理，可连续收获20年以上。第二年开始有少量种子及饲草收益，第三、四年时种子、饲草进入高产期。种植8年的投入、收益测算结果为，平均每年每亩投入686.88元，种子、饲草及种植补贴平均每年每亩收入1 962.5元，种植中科1号羊草8年平均每年每亩净收益1 275.62元。

吉农 1 号羊草 ///////////////////////////////////////

吉农 1 号羊草 [*Leymus chinensis*（Trin.）Tzvel. 'Jinong No.1'] 是由吉林省农业科学院草地与生态研究所以野生羊草种质为材料选育的具有耐盐碱特性的新品种。2024 年，全国草品种审定委员会审定通过，登记号 678。

一、主要特性

禾本科羊草属多年生草本植物。具有发达的根茎系统，叶鞘光滑，具叶耳，叶片黄绿色，上面及边缘粗糙或有毛，下面光滑，株高 30～90cm。该品种具有耐盐碱等特性，叶量多，营养丰富，适口性好，产草量高而稳定，三年平均鲜草、干草产量达到 18t/hm² 和 9t/hm²。

二、适宜种植区域

适宜在东北及内蒙古东部地区沙地或盐碱化草地种植。能够在含盐量小于 5‰、pH 8.5 左右的苏打盐碱地正常生长。

三、种植技术

（一）选地

羊草对土壤要求不严，可在中性或微碱性的沙地、盐碱地土壤中正常生长。除贫瘠缺水的岗坡和低注易涝地外均可种植，过度放牧退化草地和退耕还牧地也可种植。但排水良好、土壤疏松肥沃、土层深厚的地块更利于羊草生长。

（二）土地整理

羊草种子发芽率低，苗期出苗困难。因此，播前必须精细整地。通过表土浅翻耕、轻耙等措施，做到土壤细碎，不结块，地面平整，可提高羊草出苗率。排水不好的地块需挖掘排水沟设施。羊草幼苗纤细，生长缓慢，易受其他杂草影响。播前彻底清除杂草，是保证当年羊草幼苗长势良好和提高盐碱草地干草产量的关键措施。

（三）播种

1.播种时间

在春、夏、秋季均可播种。东北地区在有灌溉条件下，多以5月上中旬播种为宜；无灌溉条件下，可在夏季雨季播种，在降水前抢时播种。秋季不宜过晚播种，以免幼苗弱小，影响越冬，通常不晚于8月20日。

2.播种方式

条播，行距15～30cm；亦可撒播。大面积种植及种子田生产中，多选用条播。播前必须进行种子清选，去除瘪粒及其他杂物，提高种子质量和净度。播种量一般为20～30kg/hm^2。如播量太大，幼苗过于纤细，既浪费种子，又不利于根茎发育；如播量过小，不利于出苗，且易受其他杂草侵害。

3.播后镇压

覆土深度一般为2cm左右。播后镇压利于保墒。

（四）田间管理

前期。播种第一年的羊草幼苗细弱，生长缓慢，易受干旱和杂草影响，播前和播后应加强田间管理，及时清除杂草。

中期。第二年以后羊草生长迅速，有很强的抑制杂草能力。羊草发芽率低，播后及时灌溉，补充水分，利于羊草发芽和保证幼苗正常生长。

后期。第五至七年后羊草草地应采取深松、补播、浅翻、轻耙等不同改良措施。深松＋增施氮肥有利于羊草生长，松土深度15～18cm，深松后地表施尿素（N含量46%）150kg/hm²，羊草干草产量增加80%左右，粗蛋白含量提高40%左右，0～10cm根茎生物量提高80%左右，0～30cm土壤肥力显著提高。

四、利用技术

（一）收获

东北地区通常一年刈割1次，刈割时间一般以8月下旬为宜，留茬高度5～8cm。有条件灌溉和施肥的羊草人工草地，可一年刈割2次，首次刈割时间通常在7月中旬，第2次刈割时间在9月中旬。收割时应选择晴朗天气进行。

（二）贮藏加工

刈割后的羊草晾晒1～2d，即可人工或用机械搂成草条，使之慢慢阴干，然后将草条集成大堆，待其含水量降至15%左右，便可集垛或加工成干草捆。

（三）放牧

4月下旬至6月上旬是羊草拔节期至孕穗期，此时羊草生长快，草质嫩，适口性好，为羊草草地最佳放牧时期。这一时期亦是牲畜急需补青的时期。但是必须轻牧，控制载畜量，采取划区轮牧、隔期放牧等方式，以防草地盐碱退化。

五、推广应用案例

2013—2020年,吉林省大安市大岗子镇中度退化盐碱草地采用"深松＋施肥"技术种植吉农1号羊草，年平均羊草

干草产量约 $1.9t/hm^2$，按照 1 200 元/t 计算，每公顷每年收益 2 280 元，每公顷机耕费 200 元，净收益 2 080 元/hm^2。松土改良第 3～6 年，增产幅度介于 26.8%～48.3%，5 年平均增产 35.3%，实际增产干草约 $2.5t/hm^2$，增值 3 000 元/hm^2。

龙牧1号羊草 //////////////////////////////////////

龙牧1号羊草［*Leymus chinensis*（Trin.）Tzvel.'Longmu No.1'］是黑龙江省农业科学院畜牧兽医分院育成的羊草品种，具有抗寒、高产、耐瘠薄、耐苏打盐碱等特性，在土壤pH为8.5及贫瘠砂质土壤上表现出高产稳产。2020年，全国草品种审定委员会审定通过，登记号601。

一、主要特性

禾本科多年生草本植物。具发达的地下横走根状茎，茎秆直立，单生成疏丛型，株高100cm以上；叶片扁平，质硬而厚，灰绿色；穗状花序，长12～18cm，小穗有花5～12朵；种子细小呈长椭圆形，深褐色，千粒重2.0g左右。

返青早，在黑龙江省4月上中旬左右即可返青，生育天数100d左右；抗寒性强，在冬季气温零下40℃、无雪覆盖的情况下可安全越冬，越冬率达99%以上；耐瘠薄、耐盐碱，在

龙牧1号羊草抽穗期

龙牧1号羊草群体

土壤pH为8.5及贫瘠砂质土壤上均表现出高产稳产；发芽率高，新品种发芽率可达65%以上。

二、适宜种植区域

适宜在黑龙江、吉林、内蒙古、辽宁等地推广种植，耐碱性强，能在pH为8.0～9.0的土壤中正常生长，除低洼易涝地外均可种植。

三、种植技术

（一）选地

羊草对土壤要求不高，对瘠薄土壤具有较好的适应性，过牧退化草地和退耕还牧地都适宜种植羊草。但羊草喜欢生长在排水良好、通气、疏松的土壤及肥沃、湿润的黑钙土中。

（二）土地整理

羊草种子细小，发芽率低，出苗困难。因此，播前必须精细整地，做到土壤细碎，地面平整。对播种地块，可前一年进行秋翻耙耱，加快土壤腐熟。保持良好墒情，一般深翻20cm，盐碱地则注意表土浅翻轻耙或深松土，这是羊草出好苗、提高保苗率的基础。

（三）播种

1.播种期

羊草种子发芽时需要较高的温度和充足的水分。在黑龙江西部地区播种时间以夏季雨前为宜。一般不超过7月下旬，播种时间过晚则幼苗太小，不易越冬。

2.播种量

播种量一般为每亩3～4kg。如播量过小，不利于出苗，易受杂草危害；播量太大，幼苗纤细，影响根茎发育，浪费种子。

3. 播种方法

羊草宜条播或撒播，条播行距15～30cm。撒播时，将播种机上的开沟器卸掉，种子自然脱落地表，作业中需经常疏通排种管，以防堵塞。由于羊草侵占性强，宜单播，不宜与其他牧草混播，特别是豆科牧草。

4. 播种深度

种子的覆土深浅，对出苗及生长发育均有明显影响。覆土一般以1～2cm为好。播后镇压1～2次，以利保墒，促进发芽。

（四）田间管理

1. 苗期灭草

羊草播种当年生长缓慢，植株细弱，竞争力低，易受杂草侵害。因此，在播前或播后需及时消灭杂草，可采用人工除草及化学除草方法。播前灭草效果为最好。

2. 灌水追肥

在羊草草地上增施氮肥效果明显，特别是配合灌溉，效果更佳。据黑龙江省畜牧研究所试验，每千克硝酸铵可增收干草13kg，每千克氮素可增产干草30kg左右。在退化的羊草草地上灌水，每平方米灌水10～20kg，当年增产43.7%。

3. 更新复壮

羊草为根茎型禾草，生长年限过长易导致根茎纵横交错，形成坚硬草皮，土壤通气性变差，采取不同的改良措施如封育、深松、补播、浅翻、轻耙等，可促进羊草无性更新，增加土壤通气状况，使草群保持较长时间高产。

四、利用技术

（一）收获

羊草草地是优良的割草场，通常播种当年刈割1次，刈割时间一般以8月中旬为宜，留茬高度5～8cm。第二年以后有条件灌溉和施肥的可一年多刈，以2次刈割为宜，首次刈割宜选在孕穗期至抽穗期，首次刈割后应至少保留40～45d再生期，方可再利用。最后1次刈割应在生长季结束前1个月进行，使其蓄积更多养分和形成越冬芽，以利越冬。刈割时应选择晴朗天气进行，晾晒3～5小时后进行翻晒，晾晒1d后，先堆成疏松的小堆，使之慢慢阴干，待含水量降至16%左右，即可集成大堆，运回储藏。

（二）贮藏加工

1.干草调制

羊草干草一般以圆草捆或方草捆贮藏，也可制成草粉或草颗粒、草块、草砖、草饼，作为商品饲草。草捆堆放位置应地势高且平坦，垛底要用木头或砖块垫起铺平，高出地面40～50cm，堆叠的各层横向纵向垂直设置通风管道，利于通风散热。

龙牧1号羊草收获

2. 常规青贮

制作常规羊草青贮时，要在抽穗期进行刈割，水分含量在65%～75%时，将羊草收割切成2～3cm草段，装入青贮窖中，压实、密封，打造真空环境，温度控制在20～30℃，经过30～40d发酵后完成青贮。

3. 半干青贮

制作半干羊草青贮时，收割晾干，使羊草水分迅速降到45%～55%，切成2～3cm草段，装入青贮窖中或塑料袋中，压实、密封，打造真空环境，温度控制在20～30℃，经过30～40d发酵后完成。

（三）饲喂

羊草是优良牧草，亦可供放牧利用。在4月下旬至6月上旬，羊草拔节期至孕穗期的40d左右为放牧适宜期。此时正是羊草生长快、草质嫩、适口性好，且牲畜急需补青的时期。牲畜早春在羊草草地放牧，必须轻牧，以防草地退化。长势良好的羊草草地，每亩每次牧牛不超过3头、羊不超过7只，放牧1～2d，隔15d左右再放牧1次。羊草到抽穗期时草质老化，适口性降低，即应停牧。如用于舍饲，1头奶牛羊草干草日饲喂量可达15～20kg；羊草干草也可直接切短后投喂至羊舍，供羊自由采食。

五、推广应用案例

龙牧1号羊草已在黑龙江省大庆市杜蒙县黑龙江绿色草原牧场中度盐碱地进行大面积应用。2021年，黑龙江省农业科学院畜牧兽医分院提供龙牧1号羊草种子和技术指导，指导牧场种植龙牧1号羊草0.6万亩，种植地土壤pH为8.5，属中度盐碱地。播种龙牧1号羊草后，土壤有机质由播前的14.15g/kg

增至15.36g/kg，提高8.6%。播种当年每公顷纯利润约1 200元，播种第2年和第3年每公顷纯利润可达11 000元。羊草为多年生植物，一次播种可多年利用。以3年为周期计算，相较于种植青贮玉米每年每公顷的净利润6 000元，种植羊草3年每公顷净利润比种植青贮玉米多5 200元，增收28.9%。羊草的利用周期长，时间越长经济效益越显著。羊草具有丰富的横走根茎，能在地下不断生长形成网络，在盐碱地改良、涵养水源等生态作用上表现较好，种植后能受益20～30年，对草原生态修复和草原生产力提质增效具有重要意义。

龙牧1号羊草盐碱地示范推广

龙江无芒雀麦 ////////////////////////////////////

  龙江无芒雀麦（*Bromus inermis* Leyss.‘Longjiang’）是黑龙江省畜牧研究所培育的育成品种，具有抗寒、高产、耐瘠薄、耐苏打盐碱等特性，适合改良治理东北寒区盐碱化草原。2014年，全国草品种审定委员会审定通过，登记号469。

一、主要特性

  禾本科雀麦属多年生草本植物。须根发达，具横走根状茎，分布于距地表10～20cm土层；茎直立，疏丛型，株高100cm以上；叶片扁平，披针形，淡绿色，长20～35cm；圆锥花序，长15～25cm，穗梗有小穗2～6个；种子扁平，褐色，千粒重3.5g左右。

  分蘖多，叶量丰富，抽穗期粗蛋白含量可达15.9%，粗纤维含量27.3%；抗寒耐旱，春季返青早，生育天数100d左右，

龙江无芒雀麦叶片

龙江无芒雀麦初花期

越冬率达98%以上，在东北地区一年可刈割2～3次。干草产量9 000～11 000kg/hm²。

二、适宜种植区域

适宜在黑龙江、吉林、辽宁、内蒙古中东部等地区种植。冬季气温零下35℃、无雪覆盖可安全越冬；耐旱，在年降水量220～400mm地区生长良好；在＞10℃的积温2 700～3 400℃的地区均可正常生长。

龙江无芒雀麦群体

三、种植技术

（一）选地

龙江无芒雀麦对土壤要求不严，在土层深厚、地势平坦、pH在8.0～8.5的贫瘠沙质土壤上可正常生长，最适宜在肥沃的壤土和黏壤土上生长。

（二）土地整理

清除杂草、地面障碍物。施基肥，盐碱地可结合整地施入腐熟有机肥 1 ~ 2t/ 亩。深耕，翻耕深度 20cm 左右，精细整地，使土地平整，土壤细碎，以利于出苗及根茎分蘖。无芒雀麦种子发芽要求水分充足和土壤疏松，所以必须有较好的整地质量。

（三）播种

1. 播种时间

春夏或早秋播种均可。黑龙江地区盐碱地播种以夏播为好，播种时间以 5 月下旬至 6 月中旬为宜。

2. 播种方式

可条播或撒播，条播行距 15 ~ 30cm。单播或混播均可，混播可与紫花苜蓿建立混播草地。

3. 播种深度

黏性土播种深度为 2 ~ 3cm，播种量 1.5 ~ 2kg/ 亩。覆土厚度 2cm，播后镇压。苗期生长比较缓慢，应注意适时灌溉、防除杂草。

（四）田间管理

1. 杂草防除

苗期要及时除草，有条件的可进行中耕除草。

2. 追肥

每次刈割后或生育期间，应追施氮肥和适量的磷钾肥，结合灌水效果更佳。刈割后追施氮肥（尿素），以 10 ~ 15kg/ 亩为宜。

3. 灌溉

刈割施肥后进行灌溉，灌溉量 500 ~ 600m³/hm²，越冬前灌溉越冬水，灌溉量 46 ~ 60m³/ 亩。返青水可根据土壤墒情而定。

4.深松复壮

无芒雀麦生长4～5年后，盐碱地易结成絮状草皮，致使土壤表面坚实，通气和透水性较差，有机质分解缓慢，产草量下降，可在早春用重耙或深松犁进行耙地松土，复壮草群。

四、利用技术

（一）收获

抽穗期刈割为宜，最后1次刈割应在霜降前30～40d完成。

刈割留茬高度3～5cm，最后1次刈割留茬5～8cm。夏播当年可刈割1次，第二年后每年可刈割2次。

（二）贮藏加工

1.干草调制

选晴朗天气收割后就地晾晒，12～24小时翻晒1次，待水分减至50%左右时集成草垄，自然风干。遇阴雨天气时，应覆盖塑料布防雨，待晴天再翻晒。晾晒2～3d，含水量在14%～18%时，用捡拾打捆机打捆，打捆时间应选傍晚或早晨。打捆时避免将土块和杂草打入草捆。打好的草捆尽快运输到仓库或贮草场堆垛。堆垛时草捆间要留有通风间隙，底层草捆与地面之间要有垫层，草垛顶部用塑料布或防雨设施盖好。

2.青贮调制

半干青贮。当无芒雀麦含水量降到45%～60%时裹包青贮或窖贮。拉伸膜裹包青贮有小圆捆或大圆捆。窖贮是将萎蔫的无芒雀麦铡成2～3cm长的草段，装窖、压实，装满后密封、覆盖。

混合青贮。无芒雀麦可与豆科牧草或饲料作物按一定比例混合青贮，可与无芒雀麦混合青贮的牧草及饲料作物有紫花苜蓿、红豆草、饲用玉米、苏丹草、甜高粱等。窖贮或袋贮均可。

（三）饲喂

1. 干草

干草主要用于饲喂牛和羊等反刍家畜。干草干物质日采食量通常为牛和羊体重的1.5% ～ 2.5%。

2. 青贮

无芒雀麦青贮经过45d发酵后可饲喂利用，饲喂时最好与精料、玉米青贮饲料和干草进行充分搅拌，调制成全混合日粮。无芒雀麦青贮占奶牛粗饲料的30% ～ 40%。青贮饲料应随取随喂，严禁饲喂霉烂或变质的青贮饲料。

（四）放牧

无芒雀麦可单播或与苜蓿混播建立人工放牧草地，供奶牛、肉牛、肉羊等草食家畜放牧采食。

五、推广应用案例

龙江无芒雀麦已在黑龙江省绥化市肇东市四方山农场中度盐碱地进行大面积应用。2017年，由黑龙江省农业科学院畜牧研究所提供龙江无芒雀麦种子和技术指导，农场种植规模0.25万亩，农场土壤pH为8.5，属中度盐碱地。无芒雀麦平均干草产量400kg/亩，亩均经济效益达到300元以上，适用于盐碱地改良治理，具有良好的生态和经济效益。无芒雀麦为多年生植物，一次播种可多年利用，具有丰富的横走根茎，在盐碱地改良、涵养水源等生态作用上表现较好。

龙江无芒雀麦免耕补播

龙江无芒雀麦示范推广

吉农2号朝鲜碱茅 ////////////////////////////////

吉农2号朝鲜碱茅（*Puccinellia chinampoensis* Ohwi 'Jinong No.2'）是吉林省农业科学院草地与生态研究所选育的耐盐碱朝鲜碱茅品种，可以在重度氯化盐、苏打盐碱及复合盐碱地正常生长。2015年，全国草品种审定委员会审定通过，登记号494。

一、主要特性

碱茅属多年生丛生型禾草。须根致密，株高80～100cm，茎直立或基部膝曲；叶片长3～5cm，宽2～3cm；圆锥花序开展，长10～16cm，小穗含5～7朵小花；种子千粒重0.10～0.19g。

茎叶纤细柔嫩，适口性强。种子发芽率高，落粒性强，5—7月开花结果。耐旱、抗寒、耐盐碱，在土壤碱化以后形成的碱斑、碱湖周围和草甸碱土上均能生长，可以形成大面积单一种群。返青早，生长速度快，分蘖能力和再生能力强，播种第二年可以形成基部直径4～7cm的丛生草，干草产量约287kg/亩，在东北地区能安全越冬。

二、适宜种植区域

适宜在东北、华北、西北地区盐碱地种植。

三、种植技术

（一）选地

选择pH 9.0～10.5、碱化度40%～60%、耕层含盐量在

1%～2%的重度光板盐碱地或雨季有短期积水的大片碱斑地进行种植改良。

（二）土地整理

精细整地。碱茅种子细小，播种要求土壤疏松和水分充足，以便种子出苗和扎根。光板盐碱地要结合翻耙压，尽量使地面平整，播种前用机引五犁翻深10～20cm，重耙碎土，轻耙1～2遍，拖平。如果土层较为松软，也可用重型圆盘耙纵横交叉耙地、松土，然后用轻型耙作业并拖平。视土地肥力情况，可基施无害化处理的粪肥。

（三）播种

1.播种期

地温稳定在10℃以上即可播种。旱作栽培主要利用自然降水，所以应在雨季到来前播种或雨季播种。春播在4—5月，秋播应在8月上旬，冬播在10月中下旬。

2.播种方式

可撒播或条播，行距30cm，播种量1.67～2.33kg/亩（种子用价>80%）。

3.播种深度

播种深度为0.5～1.0cm，以种子不露出地面为准。

4.播后镇压

为防止播种过深，对于新翻耙的、土质较松软的土地，可先用镇压器镇压一遍，便于吸收水分，促进萌发。

（四）田间管理

1.灌溉

以畦灌为宜，春播和秋播后随即灌溉，第1次应灌透。播种后10d内，保持地面湿润。出苗后，当土壤含水率低于15%时，及时灌溉。土壤封冻前应灌透水。冬播后不灌水，翌年土壤解冻25cm后灌溉。

2. 施肥

拔节期追施尿素6.67～10kg/亩。

3. 除草

用除草剂防除碱蓬及阔叶杂草。

四、利用技术

（一）干草利用

朝鲜碱茅作为干草利用，宜在开花期刈割，留茬高度5～7cm。应避开阴雨天，及时刈割晾晒。因朝鲜碱茅为密丛型禾草，不便于人工刈割，以割草机刈割为主。1～3年生的碱茅人工草地，宜作割草场利用，不宜放牧，要设围栏保护或专人管理防止牲畜进入。贮藏加工采用自然干燥法调制干草。

（二）放牧利用

在松嫩平原上3月末至4月初返青，种子成熟后还会有第二次分蘖期，10月中下旬第二次萌发的嫩草仍保持绿色。早春萌发早，晚秋凋萎迟，是比较理想的放牧型牧草。不同放牧时间和不同留茬高度会影响朝鲜碱茅的生长速度。4年生以上碱茅人工草地可用于放牧，4月下旬至5月上旬开始放牧较好。

1. 春季放牧

早春返青草高25cm以上开始放牧，6月下旬停止放牧。春季朝鲜碱茅刚返青后，幼苗较小，被家畜采食后会严重影响其再生能力，因此不宜过早放牧。春季放牧应该避开牧草危机时期，也叫牧草"忌牧时期"，以利牧草再生。放牧过迟，草质粗老，适口性、营养价值降低，采食率也会降低。年度间由于气候条件不同，开始放牧的时期应酌情变动。放牧一次后，一般间隔20～25d，草层恢复后可以再次放牧。

2.夏秋季放牧

8月下旬至9月下旬开始放牧，牧草再生能力变弱后，放牧间隔时间需延长。在生长季结束前30d停止放牧较为适宜。如果停止放牧过迟，根系无法贮藏足够的养分以备越冬和下一年春季萌生需要，会影响翌年牧草产量。

五、推广应用案例

2010—2022年，吉林省农业科学院先后在吉林省白城市大安市大岗子镇双岗子村重度苏打盐碱地种植吉农2号朝鲜碱茅9 500亩，通过种植碱茅改良苏打盐渍土。碱茅株高110～120cm，花期盖度80%～100%；干草产量增加60%～113%，达到167kg/亩，按照每吨800元计算，产值133元/亩，扣除田间费用，净收益80元/亩，一次种植可维持5年以上。改良3～5年后，碱茅草地0～30cm土壤含盐量降低63.8%，降低到接近非盐渍水平，后茬种植农作物的产量可以达到或接近中低产田水平。此外，种植吉农2号朝鲜碱茅可减少排水工程设施和洗盐用水，改土投资成本降低30～50元/hm^2，洗盐用水减少70%以上。

改良前草地情况

碱茅改良后效果

吉农2号朝鲜碱茅单株

吉农朝鲜碱茅 ///

吉农朝鲜碱茅（*Puccinellia chinampoensis* Ohwi. 'Jinong'）是由吉林省农业科学院草地与生态研究所选育的朝鲜碱茅新品种，该品种在保持原野生种耐盐碱、抗寒、耐旱等特性的同时，改变了野生种需变温发芽和发芽期长的不良性状。1999年，全国牧草品种审定委员会审定通过，登记号201。

一、主要特性

碱茅属多年生丛生型禾草。株高80～100cm，茎直立或基部膝曲，具2～3节；叶片长3～5cm，宽2～3mm；圆锥花序开展，长10～16cm，小穗含5～7朵小花；种子纺锤形，千粒重0.10～0.14g。

由于发芽不需要变温条件，东北地区可在昼夜温差较小的7—9月雨季播种，减少灌溉投入。在吉林西部盐碱地种植，年均鲜草产量为240kg/亩。

二、适宜种植区域

适宜在我国东北、华北、西北地区的碳酸盐盐土、氯化物盐土和硫酸盐盐土等类型的盐碱地种植。

三、种植技术

（一）选地

可选择在pH 9.0～10.5、碱化度40%～60%、含盐量

1%～2%（耕层）的盐碱地种植。

（二）土地整理

种植碱茅前，应精细整地，翻深10～20cm，重耙碎土，轻耙1～2遍，拖平。

（三）播种

1.播种期

春播在4月、5月，秋播应在8月上旬，冬播在10月中下旬。

2.播种方式

撒播或条播。种子发芽率在60%以上时，播种量1.0～1.5kg/亩。覆土深度小于1cm，播后镇压，以利出苗。

（四）田间管理

以畦灌为宜，春播和秋播后随即灌溉，第1次应灌透。播种后10d内保持地面湿润。出苗后，当土壤含水率低于15%时，及时灌溉。土壤封冻前应灌透水。冬播后不灌水，翌年土壤解冻25cm后灌溉。拔节期，追施尿素6.67～10kg/亩，可显著提高鲜草产量。及时使用除草剂防除碱蓬及阔叶杂草。

四、利用技术

（一）收获

在开花期刈割碱茅，留茬高度5～7cm。1～3年生的碱茅人工草地，宜作割草场利用，不宜放牧。要设围栏保护或专人管理防止牲畜进入。

（二）贮藏加工

采用自然干燥法调制干草。

（三）放牧利用

4年生以上碱茅人工草地可用于放牧。第一放牧期：早春返青草高25cm以上开始放牧，6月下旬停止放牧。第二放牧期：8月下旬至9月下旬。

五、推广应用案例

　　吉林省白城市大安市应用吉农朝鲜碱茅配套重度盐碱地改良技术，在大安盐碱草地推广种植示范1 200亩。碱茅有效利用年限为5年，种子平均产量15kg/亩，单价40元/kg，产值600元，亩投入播种费、种子费、肥料费、管理费、收获费400元，每年每亩净收益200元。在草种紧缺情况下，以收种为主。种子市场饱和后，用作采草田也可收回投入成本。每亩产干草267kg，每吨800元，产值214元，扣除管理收割费用53元，净收益161元/亩。碱茅通常种植在普通农作物无法正常生产的重度光板盐碱地，碱茅种植3～5年后，该地块可达到中低产田水平，后茬种植其他牧草或粮豆经济植物，生态、经济效益显著。

吉农朝鲜碱茅群体

萨尔图野大麦 ///

萨尔图野大麦 [*Hordeum brevisulatum* (Trin) 'Saertu'] 是东北农业大学选育的耐盐碱野大麦品种，在土壤pH为8.0～9.5的盐碱地生长和繁育良好，具有抗寒、抗旱、耐涝、耐盐碱等特性。2018年，全国草品种审定委员会审定通过，登记号550。

一、主要特性

禾本科大麦属多年生草本植物。须根系发达；疏丛型，茎秆直立或膝曲，株高60～90cm，光滑，具2～4节；叶片宽4～6cm，长8～16cm，灰绿色；穗状花序长3～10cm，绿色，成熟时略带紫色，自花授粉；种子千粒重2.2g。

生长速度快、分蘖力强，年平均干草产量达315kg/亩。初花期粗蛋白含量平均可达12.0%，粗脂肪24.2%，粗纤维30.9%，粗灰分5.6%，含有丰富的钙、磷。

二、适宜种植区域

适宜在东北、华北、西北地区年降水量300～450mm及以上地区种植。除沙化土和酸性土壤外，萨尔图野大麦在其他大部分土壤均可生长，喜盐碱化草甸土。

三、种植技术

（一）选地

适宜在排水良好，土壤pH为8.0～9.5的盐碱地种植。在土质疏松肥沃，有机质丰富的黑钙土和壤土中生长良好。

（二）土地整理

在重度退化盐碱地种植时，忌深翻，宜在雨季浅翻轻耙后直接播种。在黑钙土和壤土地块种植时，宜秋整地，为来年播种出苗创造条件。

（三）播种

1.播种期

在东北地区种植野大麦可夏播或秋播，夏播最佳播种期为6月中下旬至7月中旬，秋季播种最晚于8月中旬前。

2.播种方式

条播，行距30cm，播后及时覆土镇压，覆土深度2～3cm。

3.播种量

播种量为4kg/亩。

4.施底肥

播种当年施底肥（磷酸二铵10kg＋尿素5kg）/亩。

（四）田间管理

杂草防除是野大麦田间管理中最重要的工作之一，大面积种植可采用化学方式除草，宜选用能够灭除阔叶杂草选择性除草剂。个别大型杂草可人工防除。

四、利用技术

（一）饲草收获

从种植第二年开始每年刈割两次，初花期刈割，留茬高度10cm。

（二）种子收获

野大麦穗状花序随果实成熟后自上而下逐渐断落，为种子生产造成困难，宜在花序果实成熟至60%～70%、花序顶部尚未断落时及时采收。可用麦类联合收割机进行收获或人工收获，果穗及时晾晒，脱粒。种子产量可达30kg/亩，最高可达40kg/亩。

五、推广应用案例

案例一。萨尔图野大麦种子基地。黑龙江省齐齐哈尔市梅里斯区达呼店镇青年林场野大麦种子基地建设项目，于2022年在盐碱化草甸土（pH 8.5）种植萨尔图野大麦110亩，平均种子产量为27.7kg/亩，年产优质种子3 047kg。与对照组（草地）相比，可增收200元/亩。

萨尔图野大麦出穗　　　　　萨尔图野大麦种子田基地

案例二。退化盐碱草地改良示范。采取"补播野大麦+有机肥+秸秆覆盖"措施在重度退化盐碱草地改良盐碱地。轻、中、重度退化草地盖度分别增加35.9%、37%和16%，生产力提高38%、36.5%和17.2%，平均增产干草51.9kg/亩，增收77.9元/亩。通过补播野大麦使盐碱化草地质量和生态稳定性大幅度提升，生物多样性丰富度增加，气候调节能力增强，水源涵养和土壤保护等效能明显，草地的生态屏障功能得到提升。

盐碱退化草地修复前后对比

重度盐碱退化草地修复效果

苏农科1号海滨雀稗 ////////////////////////////////////

苏农科1号海滨雀稗（*Paspalum vaginatum* S W. 'Sunongke No.1'）是江苏省农业科学院畜牧研究所培育出的耐盐碱育成品种。2021年，全国草品种审定委员会审定通过，登记号605。

一、主要特性

多年生禾本科雀稗属草本植物。具根状茎和发达的匍匐茎，草层自然高度50cm左右；叶片线条型，叶色深绿；颖果椭圆形，黄棕色，千粒重0.54g左右，结实率37%～43%。

该品种再生性强、耐海水灌溉，耐阴、耐渍、耐践踏。种子繁殖或营养体繁殖均可，种子成熟后易落粒，每年可实收种子10～30kg/亩。耐寒性强，在江苏省南通市如东县11月28日左右枯黄；在江浙沪地区，生长天数为226～229d；广东、广西等南方地区，全年无枯黄期。

耐盐性强，在江苏大丰含盐量4.16‰～11.67‰的滨海盐碱地种植，除初期浇水保证成活外，其他时间只有特别干旱时进行灌溉，苏农科1号海滨雀稗人工草地56d覆盖度达到100%，比国外引进品种快8～10d。

二、适宜种植区域

适宜在最低气温零下13℃以上区域种植。

三、种植技术

（一）选地

选择含盐量≤10‰、pH≤10的滨海盐碱地、苏打盐碱地或复合盐碱地种植。

（二）土地整理

草地建植前需清除石块等较大杂物，可用灭生性除草剂除杂草；翻耕土壤深30～40cm，对有芦苇等宿根性杂草的盐碱地，需进行2～3次深翻耕和碎根处理，再根据杂草情况选用适宜的除草剂，施基肥氮磷钾复合肥（15：15：15）30kg/亩后旋耕，精细整地耙平。

（三）草地建植

1. 播种期

在气温15～35℃的春、夏、秋季节都可播种。

2. 播种量

播种量为4～5kg/亩，播种后10d左右出苗。

3. 移栽

株高20cm以上的种子苗采用人工或机械化方法栽植于含盐量10‰的易板结的盐碱地。

4. 移栽方式

移栽株行距为30～40cm。或将草层高度20cm以上的海滨雀稗修剪去嫩梢，在苗圃中采集草茎，草茎长度10～15cm，含2～4个茎节，将草茎按照面积比为1：5均匀撒在盐碱地上，然后用旋耕机翻入土壤5cm左右，浇水压实。栽植后7～10d保持土壤湿润，草茎出芽后施用复合肥20～25kg/亩，气温15～30℃时2个月左右可建成草坪。

（四）田间管理

草地初建后15d施尿素5～6kg/亩，使用除草剂除去阔叶类杂草；生长旺盛季节30～40d施尿素6～8kg/亩，霜前最后一次利用后施复合肥25kg/亩；返青期适时灌溉并施复合肥15kg/亩。种子生产田在江浙地区6月、7月第一次收获后施尿素6～8kg/亩，8月中旬施钾肥6～8kg/亩，促进第2次幼穗分化，提高种子产量。人工草地全生长期视土壤墒情适时灌溉，年需水量500m^{3}左右。在年降水量1 000～1 200mm、≥10℃的积温4 800℃、无霜期225d左右的江浙沪地区，全年需灌溉水200～300m^3；在年降水量1 341～4 310mm、≥10℃的积温4 000℃～4 310℃、无霜期335～346d的广东、广西等南方省市，除建植初期7～10d需灌溉外，可以"雨养"为主。

（五）混播种植

秋、冬季气温10～20℃时，海滨雀稗人工草地混播多年生黑麦草6～10kg/亩，播种后浇透水，出苗后1个月左右施用复合肥（氮∶磷∶钾＝15∶15∶15）25kg/亩，生长期视土壤墒情适时灌溉。

四、利用技术

1. 建植草坪

海滨雀稗草坪盖度达80%时进行第一次修剪，成坪后草层高达10cm时修剪，修剪高度为2～3cm，海滨雀稗平均年销售草皮1.5次。

2. 放牧草地

海滨雀稗人工草地复播多年生黑麦草可提高人工草地的产草量和返青期。当人工草地90%以上的草层高度达15cm以上时，可进行草食畜禽半放牧。放牧时间为晴天露水收干后和天黑前，每天放牧时间为2～3个小时，早春和冬季放牧结束后可根据草食畜禽饲养标准补饲干草或精料，饲喂量为舍饲养殖标准的1/4～1/3。雨天、夏季温度超过35℃的中午不放牧，气温低于−5℃的雨雪天不放牧。

五、推广应用案例

南通佳华生态农业科技有限公司在江苏省南通市如东县洋口镇的滨海重度盐碱地（土壤含盐量3.45‰～13.45‰，pH 8.05～9.22）种植苏农科1号海滨雀稗，建立了千亩坪饲兼用海滨雀稗人工基地，新建人工草地2个月左右覆盖度可达100%。科企合作形成了"围垦海滨种养结合快速改良重度盐碱地和综合利用"模式。结合"生物质暗沟排盐"工程技术，海滨雀稗人工草地秋冬季复播多年生黑麦草，第一年建植和管理运行成本9 000～10 000元/亩（其中生物质暗沟材料＋施工成本为3 000元/亩左右），通过半放牧养羊，当年收益达3 000元/亩；第二年开始平均年销售草皮1～1.5次，半放牧养羊1～3头/亩，坪饲兼用，年收益≥8 000元/亩。平均含盐量8.45%的重度盐碱地，3年内耕作层土壤盐分下降至3‰以下，土壤有机质提升至8g/kg以上，土壤质量达到旱地农作物种植要求。与暗管排盐相比，排盐速度提高50%～60%，施工成本降低40%～50%；与明沟排盐相比，脱盐速度提高70%以上，土壤利用率提高10%，维护成本降低500～1 000元/年。

阳江狗牙根 ///

阳江狗牙根［*Cynodon dactylon* (L.) Pers. 'YangJiang'］是江苏省中国科学院植物研究所自主选育的野生栽培品种。该品种具有草层密度高、建植速度快、耐盐碱等优良特性。阳江狗牙根既可以作为草坪草，也可以作为牧草。2007年，全国草品种审定委员会审定通过，登记号353。

一、主要特性

阳江狗牙根为多年生暖季型草本植物。叶色深绿，均一性好，草层密度高，直立枝数目达45 000～50 000个/m²。具有匍匐茎发达、耐盐碱、耐踩踏、抗病虫害等特性。

匍匐茎发达，生长速度快，可以1∶5比例利用草茎进行种植，21～25d即可长满整个草地；草层厚，具有较强的耐踩踏能力和草地恢复能力。

耐盐碱性强，可以在含盐量10‰～12‰的盐碱地种植。全氮含量17%，是多年生优质牧草，既可以刈割青贮，也可以建设多年生放牧草地，自然生长高度可达40～50cm，生长旺盛期每个月可割草一次，按一年割草4次计算，修剪干重约为7 12kg/hm²。

二、适宜种植区域

适宜于长江中下游及以南地区种植，不宜在最低温度小于零下10度的地区种植，影响越冬率。

三、种植技术

（一）选地

适应多种土壤类型，疏松排水良好的壤土、沙壤土种植效果最好。耐盐碱性强，在土壤盐度不超过12‰、pH为5.5～8.5的土壤中均可种植，但在盐度3‰以下、偏微酸性的土壤中长势最好。种植时选排灌方便、光照充足的地块。

（二）土地整理

种植前先用灭生性除草剂除草。一周后翻耕，深度20～30cm，初步平整，去除土壤中的石块、树根等杂物。根据土壤养分状况，每亩施入当地有机肥（农家肥）2～4t、复合肥15～30kg作为基肥，盐碱地每亩再施入2～4t的磷石膏或脱硫石膏。用旋耕机来回旋耕2～3遍，将肥料充分混匀到土壤中，再平整地面。

（三）播种

1.种茎繁殖

采用营养繁殖的方法种植。在盐度小于5‰的条件下，可以采用点栽法、条栽法或种茎撒播法进行种植。

2.种植量

大面积种植一般采用种茎撒播法，草茎种植量一般按照原种茎田：新种植田＝1.5：10的面积比种植。可以用机械收割草茎，撒播在地面，然后用旋耕机浅旋到土里。种植后最好覆盖遮阳网7d，并且每天喷水保湿，促进发根。土壤盐度高于5‰时，建议直接采用草块种植，栽后及时浇透水。

（四）田间管理

1.灌溉

一周后草茎已经长根，揭掉遮阳网，保持土壤湿润，等根系发育良好后（约种后3～4周），逐步减少浇水，仅干旱季节或叶片发生萎蔫时适时补充灌溉。灌溉水可以使用微咸水，长期使用一般盐度控制在10ms/cm以内，短期灌溉1～2次可用10～20ms/cm的微咸水。

2．施肥

狗牙根对氮肥需求较高，在春季返青时施用复合肥20kg/亩，生长季节每个月施用一次尿素，用量15kg/亩，10月上中旬越冬前施用复合肥20kg/亩，施肥后及时浇水防止烧苗。

3．病虫害防治

病虫害较少，可能会发生螟虫类和锈病，选用高效低毒的农药喷雾防治。

四、利用技术

阳江狗牙根一般用于放牧，尤其是适宜建立滨海牧场进行放牧利用。亦可刈割作为青饲料饲喂，一般长到30cm可以贴地面进行刈割，每年刈割3～4次，10月上旬停止刈割，以利越冬。

阳江狗牙根也作为一种草坪草应用于长江中下游及以南地区和沿海地区运动场、公共绿地、水土保持草坪和盐碱地生态修复。

五、推广应用案例

阳江狗牙根在全盐含量为12‰的重度盐碱地种植进行生态修复，长势良好，且种植一年后可将20cm表土层盐度降低到5‰，改善土壤理化性质和微生物群落。其中，种植阳江狗牙根后细菌和真菌的多样性显著提高，细菌的结构与光板地有显著差异，种植阳江狗牙根后菌根真菌、粪腐生菌、寄生真菌、植物叶面腐生菌丰富度显著。

在重度盐碱地生态修复过程中，先种植阳江狗牙根降低盐度，再种树，可显著提高林木在盐碱地种植的成活率。

阳江狗牙根在重度盐碱地种植前后对比图
（白色为种植前光板地盐斑）

在盐碱生态修复中先种草
再种树示范

阳江狗牙根除了耐盐碱，还具有多重抗性，非常耐瘠薄。南海岛礁和马尔代夫国际机场均为新吹填的热带珊瑚岛礁，碳酸钙含量高达95%，阳江狗牙根成功应用于南海岛礁生态建设和马尔代夫国际机场建设，建植成效显著。

阳江狗牙根在热带珊瑚岛礁上的应用前后对比图
（左图示种植前土壤状况）

其他科

龙引细绿萍 //

龙引细绿萍（*Azolla filiculoides lamk* 'Longyin'）是东北农业大学选育的高产水生饲草新品种。2010年，全国草品种审定委员会审定通过，登记号432。

一、主要特性

龙引细绿萍属于满江红科满江红属蕨类植物。水生饲草，可浮生于静止水面上，水深10cm以上即可较好生长。单个萍体有主枝和侧枝10～20个，向外延伸可达10～20cm，并能不断断裂而成新株，进行无性繁殖；叶互生或呈覆瓦状，分为同化叶和吸收叶。在分枝的基部有孢子果可进行有性繁殖。适宜在静止水面浮水生长，在湿润地块也可存活，但生长缓慢。不适合在干旱陆地生长。

在东北，龙引细绿萍可生长110～125d，鲜草产量高达3.6～6.5万kg/亩，较抗寒，气温5℃开始生长，10℃时的繁殖率比绿萍高3倍，短时间内在气温零下8℃的环境下也不会发生冻害死亡。

具有强耐盐碱性，在含盐量小于等于5‰的水体中可正常生长。饲用价值高，干物质含量27.94%，粗蛋白含量14.14%，是猪、禽类和鱼等的优良饲草料，广泛用于鱼、鹅、鸭等的养殖，可获得较大经济效益。

二、适宜种植区域

适宜在东北、华北、西北地区静止水面种植。

三、种植技术

(一) 越冬保种

我国东北、华北、西北各地，都要有越冬保种措施。保种期10月上旬至翌年5月上旬。

1. 保种温室选择

阳光充足，室内温度≥15℃，具有增温、保暖设施，光照充足的各种玻璃温室、塑料大棚等。

2. 保种池建造

土池、砖池和水泥混凝土池等，面积≥15m²，深度50～70cm。池底部和四周应做防渗水设施或铺设无毒塑料薄膜。底部铺垫肥沃土壤10～15cm，应施入腐熟农家肥0.5～1.0kg/m²。注水并保持水深30～40cm。

3. 种萍入池

应选择健康无病虫害、颜色浓绿的萍体。种萍应缓缓撒入池中，确保根系向下、萍体之间不应互相重叠挤压，放萍量1.0～1.5kg/m²。

4. 越冬管理

定期检查，萍池损坏或渗水需及时维修。水量不足应及时补水，保持水深稳定在30～40cm。每2～3d在萍体表面喷水1次，确保萍体表面形成均匀水珠。保种中期追施腐熟农家肥0.5～1.0kg/m²。保种温室内保持清洁，应及时清洗或去除萍体表面覆盖的灰尘或杂物。

5. 主要病虫害防治

常见病害为腐烂病，发现病害应及时人工清除，或采用甲基托布津等药物防治。发生萍象甲、萍螟和萍灰螟等虫害时应及时人工灭杀，或采用药物防治。

（二）种萍扩繁

冬季保种龙引细绿萍数量有限，在春季大面积种植前往往需要进行扩繁。选择避风、向阳的位置建扩繁池，扩繁池周围应有防护设施，并设置安全警示标志。各种固定的沟、塘、渠、池均可直接作为扩繁池利用，也可以人工建造，自然塘、池面积较大时，应分隔成若干小池，每小池面积≤200m^2。采用自然沟、塘、渠、池时应清除池中杂物。人工建造的扩繁池底部和四周应做防渗水设施或铺设无毒塑料薄膜，池底部铺垫肥沃土壤10～15cm，并均匀施入腐熟农家肥1.0～1.5kg/m^2，土壤质量应符合GB 15618的规定。注水并保持水深30～40cm。

把握好扩繁时间，应选择在日均气温≥5℃时开始扩繁，选用耐寒、生长迅速、产草量高的品种，萍体应健康无病虫害、颜色浓绿。播种量1.5～2.0kg/m^2。种萍均匀撒入扩繁池内，应确保萍体互相不叠不压，根系向下。

做好扩繁管理，每天拍打萍体1～2次，直至萍体长满水面为止。扩繁池应定期检查，渗水或破损应及时维修，水量不足应及时补水，保持水深30～40cm。种萍扩繁期间宜追施腐熟农家肥1次，施用量1.0～1.5kg/m^2。

（三）大面积水面种植

1. 萍池位置选择

萍池应避风、向阳、远离污水源。如以饲用为目的，宜靠近养殖场。可选择池沼、沟塘、鱼池等自然水面及人工建造的专用细绿萍种植水池。人工建造萍池的深度为60～80cm，在池底部和四周应做防渗水设施或铺设无毒无害塑料薄膜。萍池周围应设置防护围栏（网），并设置警示标志。

2.种植方法

在日均气温≥10℃时开始种植，种植前先平整池底，清除碎石、枯草等杂物。池底铺垫肥沃土壤10～15cm，并均匀施入腐熟农家肥30～45t/hm^2。萍池内注水并保持水深40～60cm。播种量300～450kg/hm^2。大水面放养前，应在水面上用木杆或树枝等隔离出一个或几个100～200m^{2}的围栏小水面，先在小水面内播种扩繁，增殖满池后逐渐向大水面扩大繁育。

3.田间管理

每天拍打萍体1～2次，直至萍体长满水面为止。定期检查，萍池损坏应及时维护修理，水量不足应及时补水，保持水深≥40cm。生长期间应施入腐熟的农家肥1～2次，施肥量15～30t/hm^2。

四、利用技术

（一）收获

龙引细绿萍长满三分之二以上水面，即可收获利用。可使用长把笊篱人工捞取，水面较大较深时可乘船机械捞取，每次捞取量不超过总水面的1/2，以确保细绿萍能够快速繁殖。

龙引细绿萍收获

（二）贮藏加工

龙引细绿萍适于鲜饲，也适于青贮和冻贮。青贮时可以与秸秆、稻壳粉、糠麸等水分含量低的饲料混合青贮。冻贮可在上冻时将细绿萍捞出，剔除杂物，装入筐篓。将筐篓一层层摆在冷凉背阴处，使其逐渐冻透。用时解冻饲喂畜禽。

（三）饲喂

龙引细绿萍鲜嫩多汁，是猪、鸡、鸭、鹅、鱼的好饲料。但因带有腥味，初喂时不喜食，经驯饲几天以后喜食。可先直接喂一部分，再用糠麸拌喂，提高采食量。目前，该饲喂方法已经在黑龙江省齐齐哈尔市、绥化市、大庆市等养鱼、养鹅场应用了多年。

图书在版编目（CIP）数据

草业良种良法配套手册. 2022. 耐盐篇 / 农业农村部畜牧兽医局，全国畜牧总站编. -- 北京：中国农业出版社，2024. 10. -- ISBN 978-7-109-33147-1

Ⅰ. S54-62

中国国家版本馆CIP数据核字第2025AN4624号

中国农业出版社出版

地址：北京市朝阳区麦子店街18号楼

邮编：100125

责任编辑：何　玮

版式设计：小荷博睿　　责任校对：吴丽婷

印刷：中农印务有限公司

版次：2024年10月第1版

印次：2024年10月北京第1次印刷

发行：新华书店北京发行所

开本：850mm×1168mm　1/32

印张：4.25

字数：100千字

定价：58.00元